Lucas Bernardes Naves
Luis Almeida

Abordagem do cancro da pele através da perspetiva da engenharia têxtil

Lucas Bernardes Naves
Luis Almeida

Abordagem do cancro da pele através da perspetiva da engenharia têxtil

Uma análise

ScienciaScripts

Imprint

Any brand names and product names mentioned in this book are subject to trademark, brand or patent protection and are trademarks or registered trademarks of their respective holders. The use of brand names, product names, common names, trade names, product descriptions etc. even without a particular marking in this work is in no way to be construed to mean that such names may be regarded as unrestricted in respect of trademark and brand protection legislation and could thus be used by anyone.

Cover image: www.ingimage.com

This book is a translation from the original published under ISBN 978-3-659-83038-9.

Publisher:
Sciencia Scripts
is a trademark of
Dodo Books Indian Ocean Ltd. and OmniScriptum S.R.L publishing group

120 High Road, East Finchley, London, N2 9ED, United Kingdom
Str. Armeneasca 28/1, office 1, Chisinau MD-2012, Republic of Moldova, Europe
Printed at: see last page
ISBN: 978-620-8-21386-2

Índice:

Agradecimentos

Os autores gostariam de agradecer o apoio de:

- Fundação CAPES, Ministério da Educação do Brasil para a bolsa de doutoramento, processo n.13543/13-0.
- Financiamento Nacional Português, através da FCT - Fundação para a Ciência e a Tecnologia, no âmbito do projeto UID/CTM/00264/2013.

> "O cancro afecta toda a gente e cabe-nos a todos apoiar a importante investigação que pode um dia tornar realidade a tão desejada cura".
>
> Angie Harmon

CAPÍTULO 1

INTRODUÇÃO
Definições e terminologia

Nas últimas décadas, a Engenharia Têxtil tem sido empregue em muitos propósitos diferentes, a fim de desenvolver novas alternativas e novas abordagens para um tópico específico.

Este livro apresenta uma revisão bibliográfica do que os cientistas têm feito na investigação do melanoma. Os autores querem esclarecer que este não é um guia para pessoas com suspeita de cancro da pele, nestas circunstâncias um médico deve ser consultado em qualquer caso, a fim de diagnosticar, planear a abordagem e a terapia. Com este livro pretendemos mostrar aos leitores uma alternativa emergente para o tratamento do Cancro da Pele Melanoma, uma vez que este é o tema de investigação de doutoramento do Doutorando MsC. Lucas Naves na Universidade do Minho-Portugal. A sua investigação está atualmente a ser supervisionada pelo Prof. Dr. Luís Almeida.

Assim, neste livro, começámos por fazer uma revisão da bibliografia sobre o tema do cancro da pele. Os cancros da pele são os cancros mais comuns nos seres humanos, tanto nas mulheres como nos homens, em muitas partes do mundo. Este cancro representa um importante problema de saúde pública, uma vez que a taxa de incidência, mobilidade e mortalidade tem vindo a aumentar nos últimos anos. O principal agente etiológico no desenvolvimento do cancro da pele é a radiação ultravioleta (RUV). A exposição à RUV provoca danos no ADN e algumas mutações genéticas, que conduzem ao desenvolvimento do cancro da pele. A radiação ultravioleta que atinge a superfície terrestre pode ser influenciada por vários factores como: a destruição da camada de ozono, a elevação da luz ultravioleta, a altitude, a latitude e as condições climatéricas, para além de que a exposição desnecessária ao sol e a radiação ultravioleta artificial como as lâmpadas de bronzeamento artificial são riscos atribuíveis, as taxas de incidência, os métodos de diagnóstico da doença, como o doente deve evitar a exposição solar, os tipos de tratamento que existem atualmente no mercado como a Quimioterapia e a Radioterapia. Segue-se a caraterização da cicatrização moderna de feridas e de alguns compósitos que têm sido utilizados na área da medicina para o tratamento de células malignas, como os GdnanoCPs e a Zeolite. Assim, estabelecemos uma linha de partida para a tese de doutoramento, com o objetivo de abordar e tratar o cancro da pele melanoma com uma alternativa menos invasiva, desenvolvendo novos pensos cicatrizantes para radioterapia localizada.

Objetivo geral

Esta revisão de investigação tem como objetivo apontar novas possibilidades de abordagem do Cancro da Pele Melanoma, como linha de partida para o desenvolvimento da Tese de Doutoramento em curso na Universidade do Minho, Centro de Ciência e Tecnologia Têxtil, Departamento de Engenharia Têxtil - Campus Azurem - Guimarães - Portugal.

Justificação dos trabalhos

A nanotecnologia é a ciência dos materiais a nível nanométrico. Atualmente, esta tecnologia é uma das que mais cresce no mundo, devido ao facto de se poderem criar novos materiais com aplicações avançadas que podem ser utilizados em muitas áreas diferentes.

Desde o início da nossa civilização que o homem tem tido a necessidade de estabelecer o domínio e a utilização de técnicas de manipulação de materiais, como na Idade da Pedra, na Idade do Bronze e, mais tarde, na Idade do Ferro [1].

O termo nanotecnologia foi utilizado pela primeira vez por Taniguchi em 1974, aquando da publicação do seu trabalho intitulado *"On the Basic Concept of Nanotechnology"*, que consiste na combinação do conhecimento de materiais à escala nanométrica de aproximadamente 1 a 100 nanómetros (10^{-9} m) [2].

Imagine um dispositivo médico que viaja através do corpo humano para procurar e destruir pequenos grupos de células cancerosas antes que estas se possam espalhar. Ou uma caixa não maior do que um cubo de açúcar que contém todo o conteúdo da Biblioteca do Congresso. Ou materiais muito mais leves do que o aço que possuem dez vezes mais força. - Fundação Nacional de Ciência dos EUA.

Utilizando a nanotecnologia, é possível criar coisas a partir de matérias-primas, átomos e moléculas muito pequenas, que podem ser posteriormente reorganizadas conforme desejado. Não se trata de uma tecnologia específica, mas de um conjunto de técnicas que se baseia em fundamentos da química, biologia, física, engenharia de materiais e computação, alargando a capacidade humana de manipular a matéria a um nível atómico.

A tecnologia do século 21st é conhecida como o "mundo Nano", com um maior conhecimento científico e uma maior compreensão do assunto desde os anos 90.

A palavra nanotecnologia é utilizada para definir os vários aspectos científicos e técnicos que comprometem os materiais à escala nanométrica, trabalhando e manipulando estruturas moleculares e respectivos átomos, ou permitindo a capacidade de construir novos materiais e máquinas através da reorganização de átomos e moléculas.

Os nanómetros são materiais que têm uma dimensão inferior a 100 nm (1nm = 0,000001 mm), ou seja, 80 000 vezes mais finos do que um cabelo humano. A largura de um nanómetro é equivalente a três ou quatro átomos, enquanto a nanotecnologia se refere a dimensões entre 1 e 100 nanómetros.

A nanotecnologia na atualidade

Atualmente, a nanotecnologia está a ser utilizada em diversas áreas, desde a medicina à aplicação e desenvolvimento de têxteis funcionais. Empresas que têm grandes aplicações em nanotecnologia:

- Ciba Specialty Chemicals: possui uma linha de produtos para encapsular moléculas de nanopartículas em têxteis com fins antimicrobianos.
- Nano-Tex: tecnologia que desenvolve nanopartículas para aderir a fibras de algodão ou sintéticas.
- Nano-X: encapsulamento de nanopartículas para aplicações em têxteis de proteção.
- Têxteis Schoeller: aplicações em nanopartículas para revestimento de têxteis com o objetivo de repelir a água e a sujidade.

Os materiais à escala nanométrica são de grande importância no que respeita ao desenvolvimento de têxteis funcionais. Têm um grande potencial económico e comercial para a indústria têxtil. Utilizando a nanotecnologia, podemos criar e manipular nanofibras, nanofilamentos, nanopartículas e nanocápsulas, consoante a sua finalidade. A utilização desta tecnologia proporciona ao mercado têxtil, não só na Europa mas também no resto do mundo, muitas possibilidades para que o produto se torne mais competitivo, a baixo custo e com um aumento das margens de lucro. São têxteis com elevado potencial de atividade e materiais de melhor desempenho, que incentivam estas empresas a investir constantemente na investigação de novas tecnologias, aumentando a concorrência e o desenvolvimento deste mercado, com o objetivo de satisfazer necessidades específicas de um determinado grupo-alvo ou aplicação.

Os dispositivos de administração de nanopartículas poliméricas são fabricados com polímeros biodegradáveis, que constituem uma opção de transporte muito atractiva para os fármacos utilizados na terapia do cancro. As nanopartículas poliméricas incluem as nanoesferas e as nanocápsulas, que são transportadores sólidos com 10 a 100 nm de diâmetro, fabricados com polímeros naturais ou artificiais, geralmente biodegradáveis. O fármaco terapêutico pode ser absorvido, dissolvido, aprisionado, encapsulado ou ligado a polímeros ligados covalentemente através de um éster ou de uma ligação simples de amido que pode ser hidrolisada "in vivo" por uma alteração do pH.

Electrospinning

Utilizando o processo de electrospinning, é possível desenvolver nanofibras com poros reduzidos e uma área de superfície mais elevada, que podem ser aplicadas em áreas como estruturas para o desenvolvimento de tecidos, filtração, eletrónica, ótica e também vestuário de proteção [3].

O processo de electrospinning envolve a aplicação de um campo elétrico de alta tensão para produzir uma carga eléctrica que serve para reestruturar as moléculas do material através de soluções poliméricas. Por evaporação do polímero, obtêm-se as nanofibras [4].

No processo usual de electrospinning, as fibras são submetidas a uma série de factores que interferem diretamente na sua produção, tais como forças de tensão e gravitacionais, forças reológicas, aerodinâmicas e de inércia. Neste processo as fibras são primeiramente obtidas através da aplicação de forças de tração em relação ao eixo do fluxo do polímero, produzindo cargas que estão presentes no campo elétrico.

A fim de equilibrar as forças electrostáticas, vários autores referem-se à forma do cone do jato de fluido como o "*Cone de Taylor*". Através de uma análise detalhada de diferentes fluidos, Taylor definiu um ângulo de inclinação de 49,3 graus, com vista a equilibrar estas forças electrostáticas [5]. A electrospinning é o único método que pode criar fibras através da utilização de forças electrostáticas. As nanofibras apresentam caraterísticas de poros pequenos e uma elevada área de superfície, que também podem ser controladas de acordo com as variações de certas caraterísticas durante o processo de electrospinning.

São várias as vantagens do processo de electrospinning, uma vez que apresenta uma técnica simples e de fácil adaptabilidade à aplicação pretendida. A maquinaria para o processo de desenvolvimento é de fácil construção e é constituída por uma capacidade de alta tensão com pólos positivos e negativos, uma seringa com tubos capilares que tem como objetivo levar o fluido da seringa ou pepita até ao condutor de distribuição como o alumínio [4].

A solução de polímero é forçada a entrar na seringa, é aplicado um potencial de alta tensão ao capilar que contém o polímero, a solução flui para a seringa através de um elétrodo imerso, induzindo assim cargas livres na solução de polímero. Quando é aplicado um elevado potencial elétrico à solução, as forças eléctricas e a tensão superficial ajudam a criar saliências, onde as cargas são acumuladas. A elevada carga por unidade de área na saliência ajuda a empurrar o par de soluções para uma forma cónica, que subsequentemente aumenta e o processo de electrospinning é iniciado [5]. Quando se trabalha com electrospinning, o processo está sujeito a três tipos de instabilidade: (1) instabilidade assimétrica de Rayleigh, (2) o campo elétrico que induz a formação de assimetria, (3) agitações no processo que podem causar instabilidade. Esta instabilidade foi observada e relatada pela última vez por *Shin et al.*, está presente quando há uma alta densidade de carga no jato, enquanto a instabilidade de assimetria é observada quando o processo tem uma baixa densidade de carga.

Através do processo de electrospinning podemos obter polímeros contendo propriedades terrificantes como as químicas, e mecânicas, com alta condutividade, alta resistência química e excelente resistência à tração que foram fiadas pelo processo de electrospinning. Entre as suas aplicações destacam-se: tecidos de proteção e também tecidos para administração de fármacos no organismo [6].

As nanofibras com elevada porosidade e área de superfície têm um enorme alcance e têm sido aplicadas à engenharia mecânica e biológica com o objetivo de desenvolver tecidos funcionais. Os materiais para a construção e desenvolvimento de tecidos funcionais devem ser selecionados com cuidado, uma vez que têm de garantir a sua biocompatibilidade com as células do corpo. A biocompatibilidade depende da química da superfície do tecido, que é influenciada pelas propriedades dos materiais utilizados. A elevada porosidade das fibras fiadas proporciona espaço suficiente para a acomodação das células do corpo e maior facilidade na passagem de nutrientes e na troca de resíduos metabólicos.

De acordo com Ramakrishna et al [7]. para a libertação controlada de fármacos com elevada área de superfície, as nanofibras 2D apresentam grandes vantagens porque podem ser tratadas para se adequarem a uma aplicação específica, tal como para o desenvolvimento de biomateriais para têxteis funcionais. Como exemplo, vale a pena mencionar os processos de encapsulamento que envolvem componentes mais complicados e terapêuticos que podem ser incorporados no polímero antes da electrospinning ou encapsulando as nanofibras obtidas após o processo.

Metodologia aplicada

Em primeiro lugar, foi realizado um estudo teórico para compreender a doença e as terapias do cancro da pele.

Numa segunda fase, uma pesquisa exploratória para caraterizar o problema e sugerir uma solução tecnológica para pacientes diagnosticados com cancro de pele melanoma.

CAPÍTULO 2
CANCRO DA PELE - QUAL É A SITUAÇÃO ACTUAL?

Melanoma O cancro da pele é atualmente um dos tipos de cancro mais perigosos, incluindo o mais agressivo e com maior efeito metastático, responsável por muitas mortes anuais em todo o mundo. Este livro pretende estabelecer uma visão geral sobre o que os cientistas têm feito nas últimas décadas em todo o mundo, no que diz respeito às tecnologias para diagnosticar os diferentes tipos de cancro da pele, como a doença se desenvolve, a relação com os raios UV, as cirurgias, o tratamento e os efeitos secundários que podem ocorrer aos doentes submetidos a tratamentos invasivos como a quimioterapia.

São também apresentados os pensos tradicionais e modernos para sistemas de administração de fármacos como nova alternativa, método menos invasivo para o tratamento do Cancro da Pele Melanoma, as suas caraterísticas, possíveis aplicações em pensos para feridas, limitações e vantagens de cada material.

Cancro da pele:

Os cancros da pele são o cancro mais comum nos seres humanos, tanto nas mulheres como nos homens, em muitas partes do mundo. Este cancro constitui um importante problema de saúde pública, uma vez que a taxa de incidência, mobilidade e mortalidade tem vindo a aumentar nos últimos anos. O principal agente etiológico no desenvolvimento do cancro da pele é a radiação ultravioleta (RUV). A exposição à RUV provoca danos no ADN e algumas mutações genéticas, que conduzem ao desenvolvimento do cancro da pele. A RUV que atinge a superfície terrestre pode ser influenciada por vários factores, tais como a destruição do ozono, a elevação da luz UV, a altitude, a latitude e as condições meteorológicas, para além de que a exposição desnecessária ao sol e a RUV artificial, como as lâmpadas de bronzeamento, constituem riscos atribuíveis [8].

Quando falamos de cancro da pele, em primeiro lugar, temos de compreender as várias fases do seu desenvolvimento. Na primeira fase, designada por iniciação, um agente cancerígeno provoca a mutação de um gene alvo. Esta fase é seguida pela fase denominada promoção; neste processo, uma única célula danificada expande-se para formar um clone de células danificadas. Os mecanismos moleculares e celulares podem estar envolvidos neste processo, tais como Reparação do ADN, produção de proteinases, genes específicos de supressão de tumores p53. Estas alterações conduzem a uma pele pré-cancerosa clinicamente anormal e depois ao cancro [9].

Todos os doentes devem ser informados sobre os sintomas e os sinais de cancro da pele, bem como sobre a necessidade de proteção solar e/ou de a evitar. A elevada mortalidade relacionada com o cancro da pele está associada a diagnósticos tardios, assim como os melanomas avançados, o que realça a importância de realizar um exame cutâneo em todo o corpo do doente.

Tipos de cancro da pele:

Prevê-se que mais de 800.000 pessoas desenvolvam anualmente cancro da pele não melanoma ou melanoma apenas nos Estados Unidos. A maioria dos cancros da pele não melanoma ocorre em áreas visivelmente expostas do corpo, enquanto o melanoma maligno ocorre em locais do corpo cobertos por vestuário. A maioria destes cancros são conhecidos como Carcinoma Basocelular e Carcinoma de Células Escamosas, resultando em 2.300 mortes por ano, por outro lado temos o Melanoma Maligno que se desenvolve em 32.000 indivíduos por ano e é responsável por cerca de 6.800 mortes. O cancro da pele é a neoplasia mais comum em caucasianos, louros e de olhos azuis ou verdes, com um risco ao longo da vida quase igual ao de todos os outros cancros juntos [10]. Em 1993, Kripke [11] referiu que a exposição solar é o principal agente ambiental na indução do cancro da pele não melanoma.

Os tipos mais comuns de cancro da pele não melanoma (CCNM) são:

- **Carcinoma basocelular (CBC):** está relacionado com 80-85% de todos os CCNM, é a neoplasia maligna mais comum na população caucasiana e tem uma taxa muito baixa de metástases para outros órgãos e de mortalidade [12]. Como já foi referido, a incidência de raios UV está diretamente relacionada com o elevado risco de incidência de cancro da pele CBC. No entanto, a incidência de CBC está inversamente relacionada com o teor de melanina inerente à pele, que tem uma função protetora. É raro que as peles mais escuras desenvolvam CBC. Por outro lado, se a população de pele mais escura sofrer de albinismo, em que os melanócitos não conseguem produzir melanina, o risco de incidência de CBC aumenta substancialmente [13]. Sabe-se que a terapia com luz ultravioleta recomendada pelos dermatologistas para doenças inflamatórias como a psoríase aumenta o risco de CBC [14]. A maioria dos CBCs é tratada com electrodessecação (EC) e curetagem. A EC não é recomendada para tumores recorrentes, tumores morfeiformes, tumores de grandes dimensões (>2cm) ou tumores em áreas com muitos pêlos, como o couro cabeludo, devido a uma menor taxa de sucesso [15].

- **Carcinoma de células escamosas (CEC):** é o segundo tipo mais comum de cancro da pele, logo a seguir ao CBC. Também ocorre cronicamente em áreas expostas ao sol, particularmente na cabeça e no pescoço. A maioria é causada por uma mutação no gene supressor de tumores p53 induzida pela exposição à luz ultravioleta [16]. Este tipo de cancro da pele tem um potencial efeito metastático. Tward et al [17], no seu estudo, afirmam que "o CEC começa com as células escamosas da epiderme, que se situam diretamente acima da membrana basal, onde as células basais estão localizadas no estrato basal (...) como os queratinócitos, as células escamosas sofrem uma transição abrupta no estrato granuloso da epiderme, onde os filamentos de queratina intracelular se aglomeram, a célula sofre morte programada e permanece uma concha queratogénica com ésteres de cera intracelulares que actuam como "argamassa" entre os "tijolos" de queratinócitos, formando a barreira estanque da camada exterior da pele, o estrato córneo. Devido à abundância de proteínas de queratina nas células escamosas, o CEC é, em geral, muito mais escamoso e com crostas do que o CBC. A diminuição da vigilância imunitária, entre os doentes com doenças malignas linfoproliferativas e transplantes de órgãos sólidos, tem sido referida como um problema cada vez mais comum no CEC. O desenvolvimento de CEC em receptores de transplante renal está aumentado em 7% no primeiro ano, 45% de risco após 11 anos de transplante e 70% de risco após 20 anos. Esta situação agrava-se quando se tem em consideração os doentes receptores de transplante cardíaco, que apresentam um risco 2-3 vezes maior de CEC do que os receptores de transplante renal [18].

Muitos doentes com CPNM podem permanecer não registados e não diagnosticados, o que leva a uma sub-representação do número de casos. Os CCNM têm sintomas localizados e manifestam-se principalmente em indivíduos mais velhos, quando estes são homens; nas mulheres, a maioria dos casos é diagnosticada em mulheres jovens, estando esta taxa de incidência a aumentar até 10% em todo o mundo. O CBC e o CEC estão positivamente relacionados com a quantidade de radiação ultravioleta (RUV) recebida e inversamente proporcional ao grau de pigmentação da pele na população. Os CCNM são encontrados em áreas expostas ao sol, como as regiões do pescoço e da cabeça [19].

O tipo de cancro de pele mais comum é o melanoma:

- **Melanoma:** nas últimas décadas, a incidência de carcinoma cutâneo tem vindo a aumentar. A incidência do melanoma duplicou nas últimas décadas, o que significa que aproximadamente um em cada 100 recém-nascidos irá desenvolver uma neoplasia maligna durante a sua vida [20]. As taxas de incidência são pelo menos 10 vezes mais elevadas nos caucasianos do que nos hispânicos e 16 vezes mais elevadas do que nos afro-americanos. Embora este tipo de cancro não seja prevalente nas peles mais escuras, pode ter mais mobilidade e fatalidade, uma vez que pode não ser diagnosticado durante algum tempo [21]. Narayana et al. [8] escreveram que "a baixa incidência de tumores malignos cutâneos em grupos de pele mais escura resulta principalmente da fotoprotecção proporcionada pelo aumento da melanina epidérmica, que fornece um fator de proteção solar (FPS) inerente de até 13,4 nos negros. A melanina epidérmica dos negros filtra duas vezes mais a radiação UVB do que a dos caucasianos. A epiderme negra transmite 7,4% da radiação UVB e 17,5% da radiação UVA, em comparação com 24% e 55% na epiderme caucasiana, respetivamente (...). A dose de UVR necessária para produzir um eritema minimamente percetível foi estimada como sendo 6-33 vezes maior nos negros do que nos brancos". É o mais agressivo, causando mais mortes por ano do que qualquer outra doença de pele ou cancro cutâneo de qualquer tipo. Só nos Estados Unidos, o melanoma representa 3% de todos os cancros da pele, mas é responsável por cerca de 75% de todas as mortes por cancro da pele; esta taxa de mortalidade é notavelmente elevada, tendo em conta o facto de que, se este tipo de cancro for diagnosticado nas fases iniciais, é quase sempre curável; quando diagnosticado tardiamente, o cancro pode espalhar-se para outras partes do corpo.

A luz solar, a radiação UV e o cancro da pele:

Dividida em três grandes espectros de comprimento de onda: ultravioleta, visível e infravermelho, a luz solar é um espetro contínuo de radiação electromagnética que causa danos ao ADN principalmente em locais de pirimidinas adjacentes[22]. Nos ácidos nucleicos, três tipos de nucleobases são derivados da pirimidina: uracilo (U), citosina (C) e timina (T).

A radiação ultravioleta pode aumentar ou diminuir de acordo com uma série de factores. Um destes factores bem conhecidos é a camada de ozono, que forma um escudo fino na atmosfera estratosférica, protegendo a superfície terrestre da elevada incidência dos raios UV do sol. A camada de ozono absorve muito pouca radiação UVA, a maior parte da radiação UVB e toda a radiação UVC [23]. A mortalidade causada pelo melanoma pode aumentar cerca de 1-2%, se os níveis de ozono diminuírem 1%. Quando os níveis de ozono atingem 10% de empobrecimento, isso causará 4.500 novos cancros da pele melanoma e 300.000 novos casos de não-melanoma.

Em 2010, no International Journal of Dermatology, Narayanan et al [8] escreveram: "A RUV é responsável pela produção de vitamina D_3 na pele. A vitamina D3 é hidroxilada no fígado e nos rins para produzir 1,25 $(OH)_2$ vitamina D, uma hormona que regula a homeostase do cálcio e a manutenção dos ossos. Tem havido controvérsia sobre a crença de que as pessoas precisam de receber luz solar para manter níveis adequados de vitamina D no organismo. Tem sido sugerido que as práticas actuais de evitar o sol, incluindo a utilização de produtos de proteção solar, podem contribuir ou contribuirão para uma deficiência generalizada de vitamina D. As provas que sustentam esta afirmação provêm de estudos clínicos que demonstram que a aplicação de protectores solares reduz a vitamina D artificial induzida pelos raios UV nos utilizadores de protectores solares (...). Os suplementos podem proporcionar uma ingestão adequada, tal como o leite e o sumo de laranja fortificados com vitamina D (...). Oito onças (aproximadamente 250 ml) de leite ou sumo de laranja fortificados contêm 100 UI (2,5 g), que é também a quantidade de vitamina D encontrada em cerca de meia colher de chá de óleo de fígado de bacalhau. A questão do sol e da vitamina D tornou-se menos significativa devido ao facto de a maioria dos alimentos serem agora enriquecidos com vitamina D e de existirem suplementos de vitamina D disponíveis para aliviar quaisquer deficiências".

O fotoenvelhecimento e o cancro da pele são causados principalmente pela gama UV, que é o espetro mais significativo da luz solar. A exposição à radiação ultravioleta é responsável por cerca de 65-80% de todos os melanomas, que se subdividem em ultravioleta A (UVA), B (UVB) e C (UVC), de acordo com as seguintes diretrizes sobre os tipos de radiação ultravioleta e as suas propriedades[8]:

- **UVA- Ultravioleta A:** tem comprimento de onda de 315-400 nm, aproximadamente 9099% da RUV solar que atinge a superfície terrestre é UVA. Penetra mais profundamente na pele, uma vez que tem baixa energia e longo comprimento de onda. É sabido que os UVA não são filtrados pela camada de ozono estratosférico da atmosfera, podendo ser consideravelmente nocivos em caso de exposição prolongada e excessiva. Pode atravessar o vidro. Nos seres humanos, pode contribuir para o envelhecimento e a pigmentação da pele (bronzeamento), e tem um papel importante na carcinogénese das células estaminais da pele. Provoca danos indirectos no ADN através da formação de espécies reactivas de oxigénio, que podem criar quebras no ADN.

- **UVB- Ultravioleta B:** tem comprimento de onda de 280-315 nm, apenas 1-10% da RUV solar que atinge a Terra é UVB. É filtrada pela camada de ozono estratosférico na atmosfera, tem uma energia elevada e um comprimento de onda curto, por isso penetra apenas na camada superior da epiderme. Não atravessa o vidro, por outro lado é cancerígeno e mil vezes mais eficaz em causar queimaduras solares do que o UVA, como resultado da exposição aos UVB os seres humanos podem ter rugas, queimaduras solares, bronzeamento, foto envelhecimento, cancro da pele e induz danos no ADN, o que provoca respostas inflamatórias e tumorigénese. Os UVB são diretamente absorvidos pelo ADN, causando danos estruturais no ADN.

- **UVC- Ultravioleta C:** tem um comprimento de onda de 100-280 nm, a fonte natural de UVC é filtrada pela camada de ozono estratosférico na atmosfera antes de atingir a superfície da terra. Pode ser muito prejudicial para os seres humanos quando provém de fontes artificiais como as lâmpadas germicidas, provocando queimaduras e cancro da pele.

Danos causados pela radiação UV - exposição solar

A incidência de UVA e UVB na pele, como já foi referido, pode causar danos indirectos e diretos no ADN, respetivamente. Estes eventos conduzem a mutações e, posteriormente, ao cancro da pele [24].

Vários factores podem afetar o nível de UVR que atinge a superfície da Terra, tais como

- **Latitude:** quanto mais baixa a latitude, mais alto está o sol no céu, pelo que os raios UV têm de percorrer uma distância mais curta através das partes da atmosfera ricas em ozono e, por conseguinte, é emitida mais radiação UV. Por conseguinte, viver longe do equador diminui a exposição aos raios UV, reduzindo assim a incidência de cancros da pele [23].
- **Altitude:** a intensidade da RUV aumenta 10-12% por cada 1000 metros de elevação [25].
- **A época do ano e a hora do dia**. O ângulo do sol varia de acordo com a estação do ano, o que provoca uma alteração da intensidade dos raios UV. A intensidade dos UV tende a ser mais elevada durante as estações de verão [23]. É sabido que no início da manhã e no final da tarde o sol atravessa a atmosfera num ângulo e a sua intensidade é reduzida. Por outro lado, o sol exerce o maior pico de incidência sobre a superfície terrestre entre as 10 e as 16 horas. Neste período de tempo, os raios solares têm a menor distância a percorrer através da atmosfera e os UVB estão nos seus níveis mais elevados.
- **Água do mar:** pode refletir até 15%, ao passo que a reflexão é reduzida em

águas paradas, por exemplo numa piscina.

- **Nuvens e outros:** os níveis de UV são mais baixos com densidades de cobertura de nuvens mais elevadas. Os poluentes, as nuvens, o nevoeiro e a neblina podem diminuir os níveis de incidência de UV em 10-90%, enquanto o metal, a areia e a neve podem refletir até 90% da radiação ultravioleta [25].

- **Sombra:** as sombras por si só podem reduzir a incidência de UVR em 5095%, no entanto a proteção pode variar consideravelmente de acordo com as diferentes configurações de sombra, a folhagem densa tem a maior proteção, enquanto um guarda-sol na praia apresenta a menor proteção contra a radiação solar.

- **UVR artificiais ou lâmpadas e camas de bronzeamento:** o National Institute of Environmental Health Science (NIEHS) adverte que a exposição a camas de bronzeamento e lâmpadas solares é cancerígena; nos EUA, todos os anos, cerca de 28 milhões de americanos recorrem ao bronzeamento artificial por UV. A radiação ultravioleta artificial está associada ao desenvolvimento de melanoma e os efeitos da exposição aos raios UV, naturais ou artificiais, podem demorar 20 anos a produzir cancro da pele [26], [27].

A melhor técnica para reduzir a exposição aos raios ultravioleta continua a ser evitar o sol, especialmente a meio do dia [23]. No entanto, nas últimas cinco décadas, o estilo de vida mudou, com um aumento da exposição à luz solar devido a actividades ao ar livre, agravando os hábitos de banhos de sol, o que resulta em cancro da pele.

A exposição crónica aos raios UV é conhecida como um importante fator de risco para o desenvolvimento do CEC, que tem como precursor o desenvolvimento da queratose actínica [2]. As mudanças na pele que se sobrepõem à alteração do envelhecimento cronológico referem-se ao fotoenvelhecimento, como resultado da exposição crónica aos raios UV é também relatada a perda de elasticidade da pele, a perturbação das funções de barreira da pele, a pigmentação irregular da pele e o envelhecimento da pele. O desenvolvimento de melanomas malignos, CEC e CBC está frequentemente associado a queimaduras solares dolorosas na infância [28]. A exposição à radiação ultravioleta durante a infância e a adolescência desempenha um papel importante no desenvolvimento futuro do cancro da pele [29]. Foi referido que mais do que uma queimadura solar grave na infância pode contribuir para um aumento de 2 vezes do risco de melanoma [30]. Só nos EUA, entre os 1 e os 18 anos de idade, a maioria das pessoas recebe aproximadamente um quinto da sua exposição total ao sol, recebendo 22,73% da sua exposição solar ao longo da vida até aos 18 anos de idade [31]. O risco de cancro da pele para as pessoas que sofreram queimaduras solares na infância é três vezes maior entre as pessoas que se mudaram para essas áreas na idade adulta, para além de que os trabalhadores ao ar livre têm um risco maior do que os trabalhadores em recintos fechados.

Supressão imunitária

Em 2008, Brenner e Hearing [32] referiram no seu estudo que a imunossupressão ultravioleta é considerada um evento importante na carcinogénese da pele. A exposição aos UV afecta negativamente o sistema imunitário da pele: induzindo a produção de citocinas imunossupressoras, reacções de hipersensibilidade retardada e diminuindo a função das células apresentadoras de antigénios.

Glover et.al. [33] referiram que as pessoas que recebem um transplante de órgãos e tomam medicamentos imunossupressores têm um risco elevado de desenvolver carcinoma de células escamosas não melanoma (CEC). Os receptores de transplante renal, que estão a tomar terapias imunossupressoras, têm uma diminuição da vigilância imunitária e um aumento da imunossupressão; estes indivíduos são mais propensos ao cancro da pele (90% dos quais são CCNM) se tiverem pele clara e estiverem expostos aos raios UV [34]. Os tumores transplantados altamente antigénicos indicaram que a luz solar pode interferir diretamente com a imunidade do hospedeiro contra este cancro. Estes mecanismos complexos estão relacionados através de vários factores diferentes, incluindo Isomerização do ácido urocânico na pele pelos raios UV, produção local de citocinas imunomoduladoras, como o fator de necrose tumoral a, alteração da atividade de apresentação de antigénios das células de Langerhans, que são células dendríticas (células imunitárias apresentadoras de antigénios) da pele e da mucosa, que contêm grandes organelos chamados grânulos de Birbeck nas infecções cutâneas, as células de Langerhans locais absorvem e processam antigénios microbianos para se tornarem células apresentadoras de antigénios totalmente funcionais e, por último, mas não menos importante, pode ocorrer infiltração da pele por novos macrófagos apresentadores de antigénios [9].

Gene supressor de tumores P53

Existem muitas funções celulares que são proporcionadas pelo gene supressor de tumor p53, entre todas essas funções podemos distinguir: diferenciação do ciclo celular, transcrição, inibição e regulação. O gene p53 é também responsável pela reparação do ADN e pela apoptose das células que sofrem danos no ADN [35], pelo que, se o gene p53 sofrer uma mutação, deixará de ser capaz de ajudar no processo de reparação do ADN, como resultado desta mutação ocorre a expansão dos queratinócitos mutantes, a desregulação da apoptose e o início do cancro da pele. Foi relatado que o gene p53 pode aumentar a incidência de muitos tipos de cancro em idades precoces, tais como: leucemia, sarcoma de tecidos moles, carcinoma adrenocortical e melanoma da pele. Esta taxa aumentada relacionada com o gene p53 é observada principalmente em doentes com síndrome de Li-Fraumeni, que é uma doença hereditária rara de predisposição para o cancro caracterizada como autossómica dominante [36]. Na população em geral, foram também encontradas mutações no gene p53 em cerca de metade de todos os casos de cancro esporádico [37].

A queratose actínica (QA) é uma lesão pré-maligna que raramente progride para CEC[38]. Algumas evidências epidemiológicas apontam para uma ligação estreita entre a exposição solar e o CEC. Os doentes com QA apresentam uma elevada perda de vários cromossomas, resultando assim na perda de alelos de muitos genes importantes, incluindo o p53 [39], sendo esta elevada frequência de mutação do p53 do tipo observado após a exposição aos raios UV [40]. A localização da mutação do p53 não é aleatória.

Quando a pele é exposta ao sol, contém clones de células com caraterísticas de mutação p53 do tipo UV, algumas destas mutações ocorrem nos mesmos locais que os observados no CEC e na QA. Esta exposição solar a uma pele saudável e normal pode resultar em muitas mutações do p53 que servem como um processo de iniciação que coloca as células no caminho do cancro40. A exposição solar também serve como promotor de tumores e desempenha um papel de mutação do p53 na indução do cancro da pele pela luz solar. Quando se analisam os tipos de cancro da pele, encontram-se pontos críticos de mutações de C para T e de CC para TT. 4 Berg et al. 42 demonstraram no seu estudo que 30 doses diárias de UVB em ratos sem pelo resultam num aglomerado de células p 53 positivas na pele exposta, em que esta exposição ao sol produziria um tumor cutâneo ao fim de 30 semanas.

A fim de reparar os danos no ADN, os danos celulares aumentam a estabilização da p53, que abranda o ciclo celular das proteínas e faz com que as células que mantêm o ADN não reparado entrem em apoptose, que é a morte celular programada. Esta reparação defeituosa do ADN dos genes transcritos, e os doentes com XP, induzem a acumulação nuclear de p53 e apoptose em doses de UV muito inferiores às normais [9].

Kraemer [9] escreveu: "Esta mutação do p53 parece conferir uma vantagem de sobrevivência após exposição repetida ao sol (promoção), dando origem a células pré-cancerosas de aspeto anormal com uma segunda mutação do p53 ou com perda de uma parte do cromossoma normal. A maioria destas células acaba por morrer, mas algumas acabam por formar cancro da pele. Parece que isto é apenas uma parte da história. Os doentes com mutação da linha germinal do p53 (síndrome de Li- Fraumeni) não têm uma frequência elevada de cancros da pele não melanoma (ou mesmo de cancro do cólon ou do fígado que também têm mutações do p53). É provável que outros factores sejam essenciais para a carcinogénese por UV, tais como a diminuição da reparação do ADN ou a produção induzida pela luz solar de eicosanóides, proteinases e citocinas que resultam em supressão imunitária, bem como mutações de genes específicos de tumores."

Produção de proteinases e eicosanóides

Foram relatadas pequenas doses de UVB como activadoras da proteinase cutânea. Esta proteinase pode contribuir para a disseminação das células tumorais, parece ser activada através do fator de transcrição AP1 e inibida com retinóides [41].

Estudos sugerem que os eicosanóides são componentes essenciais do processo de promoção do tumor cutâneo [9]. Os eicosanóides são moléculas sinalizadoras produzidas pela oxidação de ácidos gordos de 20 carbonos. A quantidade de eicosanóides na dieta de uma pessoa pode afetar as funções do organismo controladas pelos eicosanóides. Estes exercem um controlo complexo sobre muitos sistemas corporais, tais como: imunidade e inflamação após a ingestão de compostos tóxicos e agentes patogénicos. O ácido araquidónico e os seus metabolitos, incluindo os leucotrienos e as prostaglandinas, são os principais mediadores da resposta inflamatória do organismo gerada pela exposição aos raios UV [42].

Reparação do ADN

Há muitos doentes diagnosticados com uma doença hereditária rara, nomeadamente xeroderma pigmentosun (XP). Estes doentes têm um risco 1000 vezes superior de desenvolver cancro da pele em comparação com a população em geral, uma vez que são muito sensíveis à exposição solar [43]. Os doentes com XP indicam fortemente a reparação do ADN na proteção contra o cancro da pele induzido pela luz solar. As células destes doentes são hipersensíveis aos raios UV e a indução de mutações no ADN é induzida pela exposição aos raios UV [44], sendo esta mutação causada por um defeito na reparação da excisão de nucleótidos do ADN.

Miyauchi-Hashimoto et.al. [45] afirmaram que os ratinhos com o gene de reparação do ADN XP-A suprimido apresentavam uma indução de imunossupressão sistémica e local por UVB muito maior e uma sensibilidade imunitária pós-UV deficiente à depleção de células de Langerhans induzida por UV.

Técnicas de exame de pacientes para deteção de cancro da pele

A fim de diagnosticar e proceder a um tratamento adequado, devem ser consideradas várias etapas na realização do exame, todos os médicos devem examinar regularmente os seus doentes para detetar a presença de cancro da pele. Isto inclui:

Educação dos pacientes

Educação dos doentes sobre o papel da luz solar como causa mais comum deste tipo de cancro, prevenção do cancro da pele pelo sol, bem como sobre o risco e as medidas que podem ser tomadas para o melhorar. O auto-exame da pele pode ser útil para identificar esses factores de risco. Ao ser informada dos riscos e efeitos da radiação UV, a população pode fazer algumas mudanças simples no estilo de vida e no comportamento que podem evitar danos repetidos do sol e cancro da pele, as pessoas estarão mais conscientes do risco de cancro da pele e permitir-lhes-ão tomar medidas preventivas, que podem mudar e salvar vidas. Este objetivo pode ser alcançado através de [8], [23]:

- **Minimizar a exposição solar:** evitar a exposição solar nas horas de maior intensidade, das 10h às 16h.
- **Evitar o bronzeamento artificial:** é muito importante evitar o uso de lâmpadas e camas de bronzeamento.
- **Proteção solar:** durante as horas de ponta, recomenda-se o uso de chapéus com aba a toda a volta, o uso de vestuário que utilize tecidos apertados e, quando usar óculos de sol, utilize sempre os que bloqueiam os raios UVA e UVB.
- **Protectores solares:** utilizar um protetor solar eficaz, com FPS elevado, pelo menos 15 FPS, com proteção UVA e UVB. É necessário aplicar protetor solar em crianças com 6 meses ou mais, e o protetor solar deve ser reaplicado em todas as áreas expostas da pele de 2 em 2 horas, mesmo em dias nublados.
- **Educação para a proteção solar:** Educação sobre o cancro da pele para a população e os doentes, relativamente aos tipos de cancro mais comuns, condições de saúde, cor da pele, idade e sexo.
- **Exame da pele:** qualquer pessoa pode fazer o auto-exame da pele, mas se observar um sinal que esteja a aumentar de tamanho ou a mudar de cor, ou se tiver alguma dúvida, é aconselhável procurar um médico. O profissional de saúde efectuará um exame completo da pele.
- **Serviços e organizações:** é importante contar com o apoio de serviços e organizações que realizem a educação sobre o cancro da pele, apesar da educação dos doentes, as campanhas de saúde pública através dos meios de comunicação social também podem servir para ensinar o público.

Os profissionais de saúde têm a obrigação de discutir com os doentes os aspectos fundamentais do cancro da pele em termos da necessidade de um diagnóstico precoce do cancro da pele, associado a um tratamento rápido e a métodos de prevenção, tais como: proteção ou evitar o sol. Muitos indivíduos ainda desconhecem completamente os sintomas e sinais básicos das lesões e o facto de a exposição à luz solar ser uma causa da maioria dos tumores malignos cutâneos [46].

Os cuidados médicos têm um papel mais importante na prevenção do cancro da pele nas fases iniciais, se forem treinados para reconhecer e educar os doentes sobre os riscos, e depois orientá-los para serem seguidos por cuidados dermatológicos [47]. É muito importante esclarecer os doentes sobre a importância do diagnóstico precoce de qualquer tipo de cancro da pele. É sabido, e não há dúvidas, que o diagnóstico e o tratamento precoces e corretos dos melanomas e carcinomas cutâneos resultam numa menor invasão e desfiguração física, e numa maior taxa de cura [48]. O atraso no diagnóstico do cancro da pele pode ter consequências devastadoras, por isso é muito importante diagnosticar o melanoma cutâneo o mais cedo possível, a fim de diminuir a mortalidade e a morbilidade, bem como os custos efectivos que são gastos no tratamento de doentes diagnosticados em fase mais avançada [49].

A importância do exame cutâneo total

Os doentes devem ser informados pelos médicos sobre a importância de examinar toda a superfície cutânea do corpo, uma vez que os diferentes tipos de cancro da pele tendem a aparecer em diferentes áreas do corpo. Os melanomas malignos tendem a concentrar-se em áreas intermitentemente expostas ao sol, especialmente nas pernas das mulheres e nas costas dos homens; por outro lado, o cancro da pele não melanoma tem uma predileção por ocorrer em áreas da pele que receberam a maior exposição solar cumulativa [20] . Foi relatado que, uma vez informados, os pacientes raramente recusam os exames cutâneos totais (TCE) [50].

A maior parte dos melanomas será sobreposta se os TCEs não forem efectuados por rotina. O principal objetivo é garantir que este diagnóstico é efectuado quando os melanomas têm uma espessura fina de Breslow (<1,0 mm). Nesta fase, a probabilidade de sucesso no tratamento e de cura é elevada [51].

Os doentes que já tiveram qualquer cancro da pele (melanoma ou carcinoma) devem fazer TCE regularmente, uma vez que têm um risco substancialmente aumentado de desenvolver novos cancros cutâneos [52].

Métodos de diagnóstico

A preparação do doente é muito importante para o exame e o diagnóstico completos. Antes do início do exame, os doentes devem esconder e remover todos os cosméticos que possam ter no corpo. Depois disso, os doentes devem despir-se completamente, muitos doentes não se sentem confortáveis enquanto estão a ser examinados, nestes casos é aconselhável que usem apenas roupa interior, uma vez que é possível realizar o exame de tal forma que apenas as áreas específicas que estão a ser examinadas são expostas, enquanto as outras áreas permanecem cobertas [53].

A temperatura da sala de exame não deve ser nem demasiado fria nem demasiado quente, de modo a proporcionar conforto ao doente. Outro fator importante para um exame correto da pele é a iluminação adequada da sala. A emissão espetral adequada é crucial para uma maior visibilidade das lesões. A iluminação subóptima é mais difícil para a identificação do cancro da pele, especialmente nas suas fases iniciais, por esta razão os médicos, quando utilizam uma fonte de iluminação artificial, preferem uma lâmpada de halogéneo ou uma combinação de iluminação fluorescente e incandescente. Os cancros cutâneos apresentam uma vasta gama de cores, a luz incandescente acentua as cores vermelhas, enquanto a luz fluorescente realça as cores amarelas e azuis [20]. A iluminação tangencial também é importante, uma vez que pode ajudar a reconhecer elevações subtis que não eram evidentes com a iluminação de incidência direta [54].

Dermatoscopia (Microscópio de epiluminescência)

Kopf [20] afirmou que, "O desenvolvimento de dermatoscópios portáteis a preços razoáveis tornou estes instrumentos mais amplamente disponíveis. O princípio da dermatoscopia (microscopia de epilimunescência) é que as estruturas dentro da epiderme e da derme papilar podem ser melhor visualizadas se for aplicado óleo na lesão e se a extremidade da placa de vidro da parte objetiva do microscópio for pressionada no óleo, eliminando assim a reflexão da luz da superfície da pele (...) é a ponte entre o exame macroscópico realizado a olho nu e o exame histológico visto ao microscópio". Ajuda o médico a distinguir as lesões não melanocíticas do melanoma.

Exame da luz de Wood

O exame com a luz de Wood é muito útil para identificar a extensão do melanoma lentiginoso acral e do melanoma lentigo maligno, uma vez que a melanina absorve fortemente a emissão espetral predominante na gama do ultravioleta próximo com o pico de emissão no comprimento de onda de 365 nm, o que ajuda no exame de neoplasias melanocíticas [55].

Este método também é útil na deteção de melanoma regredido em doentes com um tumor primário desconhecido e melanoma metastático [56]. O melanoma regredido apresenta-se geralmente como uma área de leucodermia, que é uma condição cutânea que apresenta uma perda de pigmentação localizada da pele, podendo ocorrer após qualquer condição inflamatória da pele. A leucodermia não é contagiosa nem infecciosa, além de poder ser biopsiada.

Fotografia

A fotografia de lesões cutâneas é um método que tem vindo a ser utilizado pelos médicos nas últimas décadas. Este método permite a documentação do aspeto clínico e a sua localização exacta para futuras referências. A documentação das lesões é muito importante quando os doentes são tratados por diferentes médicos e permite um acompanhamento preciso de uma determinada lesão.

Existem três tipos de fotografia que podem ser úteis na exanimação dos doentes [20]:

- **Fotografia de corpo inteiro:** é útil para a identificação de melanoma maligno precoce em doentes que têm o sinal atípico como síndrome do nevo displásico, que é um sinal benigno invulgar que pode assemelhar-se a um melanoma. Relatórios médicos indicam que cerca de 2 a 8 por cento da população caucasiana tem este sinal. Quanto maior for o número destes sinais, maior é o risco de desenvolver melanoma quando comparado com a população em geral[57].

- **Impressões ampliadas e transparências a cores de 35 mm:** são úteis para captar as caraterísticas clínicas exactas da neoplasia.

- **Fotografias de impressão instantânea:** este tipo de fotografia pode ser colocado imediatamente na ficha do doente.

Biópsia

Se se suspeitar de uma neoplasia maligna por motivos clínicos, o passo seguinte é a verificação da amostra por biopsia. O médico decide qual o procedimento de biopsia adequado a utilizar, dependendo da deformidade cosmética prevista, do tamanho e da localização anatómica e do tipo de neoplasia suspeita. A remoção da neoplasia pode ser efectuada numa porção, também designada por biópsia parcial, ou na totalidade da neoplasia, ou seja, biópsia in toto. Existem várias técnicas disponíveis, tais como: punção, biópsia de raspagem, saucerização - a escavação de tecido para formar uma depressão superficial e biópsia excisional [58].

CAPÍTULO 3
TERAPIAS PARA O TRATAMENTO DO CANCRO
Quimioterapia

A quimioterapia é a combinação de quaisquer medicamentos (como a penicilina ou a aspirina) para tratar uma doença específica. No entanto, a maioria das pessoas refere-se a medicamentos utilizados no tratamento do cancro. A utilização de medicamentos pode variar muito quanto à forma como são tomados, aos seus efeitos secundários, à sua composição química e à sua utilidade no tratamento de cancros específicos. Podem ser utilizados isoladamente ou em combinação com outros medicamentos ou tratamentos [59]. Foi demonstrado que a utilização de um protocolo previamente documentado reduz os erros de prescrição, pelo que toda a quimioterapia deve ser administrada com base em protocolos documentados [60].

Ao compreenderem o ciclo de vida de uma célula, os médicos podem prever quais os medicamentos que provavelmente funcionarão bem em conjunto, decidir a dosagem e a frequência com que cada medicamento deve ser administrado. O ciclo de vida de uma célula está dividido em 5 fases, como se pode ver na explicação seguinte dada pela American Cancer Society:

- **Fase G0 (estado de repouso)**: A célula não se dividiu. As células passam grande parte da sua vida nesta fase. Dependendo do tipo de célula, a fase G0 pode durar de algumas horas a alguns anos. Quando a célula recebe um sinal para se reproduzir, passa para a fase G1.

- **Fase G1:** A célula começa a produzir mais proteínas e a aumentar de tamanho, pelo que as novas células terão um tamanho normal. Esta fase dura cerca de 8 a 30 horas.

- **Fase S:** Os cromossomas que contêm o código genético (ADN) são copiados de modo a que ambas as novas células formadas tenham cadeias de ADN iguais. Esta fase dura cerca de 18 a 20 horas.

- **Fase G2:** A célula verifica o ADN e prepara-se para começar a dividir-se em duas células. Esta fase dura de 2 a 10 horas.

- **Fase M (mitose):** A célula divide-se efetivamente em duas novas células. Esta fase dura apenas 30 a 60 minutos.

Baguley [61] afirmou no seu estudo que: "Uma das questões mais fascinantes colocadas pela divisão de células normais e cancerosas era a natureza do relógio molecular que instruía a célula quanto ao momento em que replicaria o seu ADN e quando se dividiria. Os primeiros estudos em tecidos cancerígenos identificaram as células mitóticas pela sua morfologia e as células sintetizadoras de ADN (fase S) pela sua absorção de timidina marcada com trítio (...)■ As primeiras pistas sobre a natureza do oscilador que comandava o relógio molecular foram fornecidas pela descoberta, em ovos de ouriço-do-mar em desenvolvimento, de uma proteína denominada *ciclina[1]* . A concentração celular desta proteína aumentou até à altura da divisão celular e depois diminuiu abruptamente."

Para tratar as células cancerosas, a quimioterapia é administrada por diferentes vias. Na maioria dos casos, os comprimidos são tomados ou introduzidos diretamente na corrente sanguínea. Por vezes, a dosagem dos medicamentos anticancerígenos é administrada diretamente na parte do corpo onde se encontra o cancro, a fim de obter mais do medicamento para o cancro e, ao mesmo tempo, tentar evitar os efeitos em todo o corpo, embora os efeitos secundários continuem a existir devido à capacidade que os medicamentos anticancerígenos têm de ser parcialmente absorvidos pela corrente sanguínea, podendo assim viajar por todo o corpo.

A quimioterapia pode ser administrada aos doentes através de [59]:

- **Quimioterapia intra-arterial:** este método é utilizado para tratar o cancro em vários órgãos, o medicamento quimioterápico é administrado diretamente no tumor através de um pequeno cateter flexível (ligado a uma bomba implantada ou portátil) que é colocado na artéria principal que fornece sangue ao tumor. O principal objetivo deste método é minimizar os efeitos secundários sistémicos e concentrar o medicamento na zona do tumor.

- Quimioterapia **intralesional:** ou por via tópica, é uma quimioterapia que é normalmente aplicada no tratamento de afecções da pia e do cancro da pia não melanoma (basocelular ou escamoso) [62]. É utilizada para tratar tumores que

---

1 A ciclina é necessária para a divisão celular.

se encontram na pele ou sob a pele, e raramente é utilizada para tumores num órgão no interior do corpo, sendo sobretudo utilizada quando a cirurgia não é uma opção.

- **Quimioterapia intracavitária:** é utilizada para descrever a quimioterapia administrada diretamente numa cavidade corporal, através de um cateter. Este método subdivide-se em: quimioterapia intrapleural, quimioterapia intratecal, quimioterapia intravesical e quimioterapia intraperitoneal.

Radioterapia

A radioterapia (RT) pode ser muito benéfica num certo número de doenças malignas cutâneas. No entanto, alguns dermatologistas e oncologistas têm hesitado em recomendar a RT, devido a uma série de questões. Um destes problemas foi referido por Tward et al [17], que muitos dos doentes que foram submetidos a tratamento de RT na sua juventude com raios Grenz[2] , desenvolveram tumores malignos cutâneos mais tarde na vida.

Atualmente, a RT não é utilizada como no passado, mas continua a ser uma alternativa importante para o tratamento do cancro. Para além disso, a RT tem a grande vantagem de evitar a cirurgia reconstrutiva em muitos locais críticos do corpo, como os ouvidos e o nariz e à volta do sistema lacrimal [63]. A RT pode não ter efeito curativo, mas a paliação é uma consideração importante para tumores grandes e complicados.

Alguns médicos não utilizam a RT porque há tendência para os locais tratados desenvolverem telangiectasias e atrofia, bem como erupção latente de cancro ao longo do tempo, o que compromete a aparência cosmética [64]. Para além disso, também tem havido relutância em tratar doentes com síndromes nervosos basocelulares[3] , em que a RT pode criar um risco elevado de formação de tumores adicionais, ao provocar danos adicionais no ADN [65].

Na RT, a energia do feixe de electrões deve abranger uma margem profunda do tumor em pelo menos 90% distal e deve ser escolhido um feixe de energia eficaz de modo a obter uma dose superficial adequada. Mendenhall et al [66] recomendam uma dose

---

[2] Os raios Grenz fazem parte do espetro eletromagnético que inclui os raios X de baixa energia.
[3] Doentes portadores de um defeito genético no gene supressor de tumor PTCH.

única de radiação, quando os tumores são <10mm, esta dose única de radiação pode ser de 20 Gy[4] . Quando o tamanho do tumor é >10mm, recomenda-se o fracionamento do feixe, com o objetivo de melhorar o índice terapêutico, evitando ser lesivo ao tecido normal circunjacente e ao mesmo tempo maior dose no tumor [12].

Quando se trata de tumores recorrentes, a RT não é tão eficaz como é para os tumores primários. Por outro lado, é adequada para doentes frágeis ou idosos que não são bons candidatos a cirurgia, uma vez que oferece a grande vantagem de evitar procedimentos cirúrgicos em locais críticos onde as opções de reconstrução podem ser limitadas [17].

Opções de tratamento em função do tipo de cancro da pele:

- Carcinoma basocelular: muitos doentes com CBC são maus candidatos à cirurgia devido a co-morbilidades e à idade avançada, pelo que a abordagem cirúrgica se torna impraticável. Uma vez que os procedimentos cirúrgicos são desaconselhados, a RT é uma alternativa viável [63].

- Carcinoma de células escamosas: as abordagens da RT podem ser divididas em três grupos diferentes: as terapias tópicas, as terapias destrutivas e a ressecção cirúrgica com controlo das margens. A RT pode ser muito eficaz como tratamento primário e é também uma terapia adjuvante para tumores de alto risco [17]. Quando os doentes têm menos de 60 anos de idade, existe uma grande hesitação por parte de muitos dermatologistas, devido às consequências que a RT pode ter, aumentando o risco de malignidade no local de tratamento. Com 30 anos de seguimento, a incidência cumulativa em doentes não irradiados foi de 1%, enquanto a incidência de cancros da pele não melanoma em crianças que receberam RT foi de 4% [67].

- Melanoma: ocorre em locais cronicamente expostos ao sol, geralmente no pescoço e na cabeça. Este tipo de cancro subdivide-se em melanoma lentigo maligno (LMM), que é uma invasão histológica, e melanoma lentigo (LM), que é um tumor in situ. Quando se utiliza a RT como terapêutica primária para o LM, as taxas de cura variam entre 86 e 95%. Para evitar a recorrência,

---

[4] De acordo com o Sistema Internacional de Unidades (SI), o Gray (símbolo: Gy) é uma unidade derivada da dose de radiação ionizante, que é definida como a absorção de um joule de energia de radiação por um quilograma de matéria.

Farshad et al. [68] sugerem que a margem de atuação da RT deve ser de, pelo menos, 10 mm em torno da lesão visível. Um estudo demonstrou um melhor controlo quando a RT é utilizada em comparação com a cirurgia isolada [69]. A radioterapia pode melhorar a qualidade de vida do doente, uma vez que se obtêm sintomas significativos [70]. Além disso, quando administrada durante um período de tempo mais longo (fraccionada), pode diminuir os efeitos secundários [71].

Tward et al. [17] escreveram: "A radioterapia é uma excelente opção de tratamento para uma variedade de cancros da pele num grande número de localizações anatómicas, oferecendo frequentemente elevadas taxas de cura com uma excelente estética e proporcionando aos doentes uma alternativa à cirurgia agressiva e frequentemente desfigurante. A RT também desempenha um papel importante como terapia adjuvante quando combinada com outros agentes sistémicos, com ou sem cirurgia, e deve ser incluída no armamento de qualquer abordagem multidisciplinar do cancro da pele."

Terapia de captura de neutrões

Soloway et al. [72], escreveram no seu estudo intitulado The Chemistry of Neutron Capture Therapy: "A iniciativa de desenvolver novos métodos de tratamento do cancro surgiu dos fracassos das terapias existentes. No caso da extirpação da malignidade, especialmente se se tratar de um nódulo solitário e puder ser removido sem consequências potencialmente fatais, este é o método de eleição. No entanto, existe sempre a incerteza inerente quanto ao facto de todas as células malignas terem sido removidas, uma vez que as células residuais podem tornar-se focos de recidiva do tumor, quer ao lado do tumor original, quer noutras localizações. A dificuldade evidente no desenvolvimento de terapias contra o cancro decorre da necessidade de destruir seletivamente essas células malignas sem comprometer as células normais das quais derivam, bem como outras células essenciais para a homeostase normal. Ao contrário do que acontece com as infecções bacterianas e mesmo virais, em que o próprio sistema imunitário do hospedeiro é capaz de contribuir para um resultado terapêutico útil, no caso do cancro isso não parece ser muito eficaz e tem de ser apoiado por formas externas de terapia".

A fim de tratar tumores primários, como os tumores cerebrais e o cancro da cabeça e do pescoço, a terapia por captura de neutrões foi inicialmente criada como uma modalidade terapêutica não invasiva para o tratamento de tumores malignos localmente invasivos. O objetivo desta terapia tem sido destruir apenas as células tumorais e o seu processo, sem comprometer a saúde nas proximidades ou o tecido normal contíguo a partir do qual o tumor surgiu. O termo terapia de captura de neutrões refere-se à radiação gerada a partir da reação de captura de neutrões térmicos por vários nuclídeos, que é um espécime de átomo caracterizado pela constituição específica do seu núcleo, o seu número atómico, número de massa (número de protões Z e número de neutrões N) e estado de energia nuclear [73].

A utilização da terapia por captura de neutrões também é útil quando a localização exacta das células tumorais não é bem conhecida. Ao erradicar estas células tumorais, as células residuais não se tornam focos de recorrência do tumor. Várias células malignas podem ser resistentes à radio e à quimioterapia. O desenvolvimento deste tipo de terapia resulta do facto de certos elementos terem uma elevada propensão para retardar ou absorver neutrões térmicos e de a radiação produzida ser constituída pelo que se designa por partículas de elevada transferência linear de energia (LET). A LET é uma grandeza positiva que descreve a quantidade de energia que uma partícula ionizante transfere para o material atravessado por unidade. Depende do material que é atravessado, bem como da natureza da radiação. Descreve a ação da radiação sobre a matéria [74]. As partículas LET têm um caminho livre médio curto e, devido à sua energia e tamanho, numa magnitude letal, têm o potencial de ter a sua energia radiante confinada à célula que as originou. O principal desafio da NCT não é apenas criar novos agentes apenas para a sinalização de tumores, mas também um agente que persista durante um período de tempo suficiente, de modo a que as doses de radiação administradas sejam selectivas e eficazes para as células malignas [72].

A terapia de captura de neutrões divide-se em duas fases:

1. **Injeção:** o doente recebe uma injeção intravenosa com um medicamento para localização de tumores que contém um isótopo não radioativo com uma elevada secção transversal (a); esta secção transversal é muito importante, uma vez que

é muitas vezes superior à de outros elementos presentes nos tecidos, como o azoto, o oxigénio e o hidrogénio, ou tem uma elevada propensão para captar neutrões.

2. **Exposição a neutrões epitérmicos:** nesta fase, o doente é exposto a neutrões epitérmicos. Ao abrandar o tecido, induz uma reação nuclear destrutiva biológica no agente localizado NCT.

A incidência da radiação pode ser de grande importância para o tratamento do melanoma. De acordo com a espessura de Breslow, os melanomas primários têm espessura < 0,75 mm, enquanto nos pacientes mais profundos a espessura pode ser > 4 mm [75]. Os feixes de neutrões epitérmicos têm energias que variam entre 0,5 e 10 KeV. Esta energia dos feixes de neutrões pode fornecer incidências de neutrões aceitáveis a tumores que podem atingir até 6 cm na superfície do corpo [76].

A procura de uma destruição selectiva e específica das células tumorais levou ao desenvolvimento de sistemas binários. Os sistemas binários envolvem dois componentes para o tratamento do cancro, componentes esses que devem ser inócuos para as células dos mamíferos. A vantagem dos sistemas binários é que cada um destes componentes pode ser manipulado de forma independente. Se esta combinação puder ser largamente restringida às células tumorais, as células vizinhas serão poupadas, o que permitirá obter uma forma mais selectiva para as doenças malignas que são refractárias às terapias existentes. Existem vários sistemas binários que se encontram em várias fases de desenvolvimento, tais como: terapia genética [77], sensibilizador de radiação e terapia de captura de neutrões [78].

Existem alguns nuclídeos, tanto não radioactivos como radioactivos, que possuem uma capacidade habitual de absorção de neutrões lentos e térmicos, que têm uma energia de 0,025eV, claramente inferior à energia necessária para ionizar os componentes dos tecidos. Através desta absorção de neutrões, o núcleo do átomo produz um núcleo ativado que sofre fissão imediata, gerando partículas energéticas letais. Se esta energia pudesse ser confinada às células malignas, a sua destruição selectiva seria conseguida sem causar danos às células normais e às suas estruturas de suporte. Na tabela seguinte, apresenta-se uma lista de nuclídeos com elevada secção transversal de captura de neutrões térmicos.

Tabela 1. Valores da secção transversal de captura para neutrões térmicos [72].

Não radioativo		Radioativo	
Nuclídeo	Valor de captura da secção transversal em celeiros. (1 celeiro =10^{-24} cm)^2	Nuclídeo	Valor de captura da secção transversal em celeiros. (1 celeiro =10^{-24} cm)^2
^{6}Li	942	22_{Na}	32000
10_B	3838	^{58}Co	1900
149_{Sm}	42000	230_{Pa}	1500
155_{Gd}	61000	235_U	580
157_{Gd}	255000	251_{Pu}	1010

Nas fases iniciais da TCN, o^{235} U radioativo foi considerado como um nuclídeo possível, uma vez que, devido à sua energia e tamanho, a radiação destrutiva estaria claramente confinada à célula em que ocorre a reação NC. No entanto, sabe-se que os ligandos de urânio são biologicamente seguros, enquanto os seus compostos são tóxicos, pelo que o urânio não é recomendado para a terapia de captura de neutrões em doentes com cancro.

Ao analisar as propriedades do 157Gd, foi referido que o gadolínio possui um valor de secção transversal de captura 66 vezes superior ao observado no borob-10 [79]. A energia térmica de 0,025eV está muito abaixo do valor limite para a interação por espalhamento elástico entre neutrões e átomos de hidrogénio. Este espalhamento, uma vez em excesso, como 10KeV, pode resultar em protões de recuo capazes de ionizar componentes dos tecidos. Algumas abordagens envolvem o desenvolvimento de feixes com neutrões mais energéticos que se tornam termalizados à medida que penetram no tecido. A utilização destes feixes é referida como feixes de neutrões epitérmicos, com energias que variam entre 0,5 e 10 KeV, que podem fornecer fluências de neutrões aceitáveis ao tumor, localizadas até 3-6 cm abaixo da superfície da pele, úteis para a terapia do cancro do cérebro e também podem ser úteis para a terapia do cancro da pele melanoma [80]. A principal fonte destes neutrões são os reactores nucleares. Os reactores são capazes de fornecer fluências da ordem dos $10-10^{1213}$ n/cm^2 , mantendo os tempos de radiação suficientemente curtos: Mais adiante neste livro, mostraremos a importância dos GdnanoCPs, para manter estas substâncias químicas no interior das células tumorais durante um período de tempo prolongado, enquanto as células alvo estão a ser irradiadas por feixes nucleares.

A principal abordagem da terapia de captura de neutrões consiste em otimizar a entrega do absorvente de neutrões a um tumor, maximizando a concentração no tumor e, simultaneamente, minimizando os níveis no tecido normal e no sangue no percurso dos feixes de neutrões. É necessário, antes de qualquer ensaio de radiação, o desenvolvimento do plano de tratamento de radiação. É necessário medir a concentração tecidular do absorvente de neutrões por métodos não invasivos antes da implementação de qualquer protocolo de radiação [72].

No seu estudo, Solaway et al. [72] concluíram que "tal como uma combinação de agentes derivados de um absorvedor de neutrões específico pode ser a base da NTC, também uma mistura de compostos envolvendo diferentes absorvedores de neutrões é certamente uma possibilidade. Por conseguinte, a NTC pode envolver, por exemplo, ^{10}B e ^{157} compostos de Gd utilizados em combinação. Em última análise, o que é importante é determinar a dose total de radiação que será administrada ao tumor ou a outro tecido anormal e ao tecido normal circundante (...). Conhecer a descrição celular e subcelular de cada entidade absorvente de neutrões torna-se importante para se chegar a uma aproximação razoável da dose total de radiação estimada para os vários tecidos que estão expostos (...). A terapia por captura de neutrões é um sistema binário para o tratamento do cancro e de outras doenças em que o fornecimento in situ de radiações LET elevadas, geradas pela combinação de neutrões térmicos e absorventes de neutrões, oferece a oportunidade de uma destruição celular selectiva. O resultado baseia-se nas diferenças bioquímicas e fisiológicas que as células tumorais/anormais e os tecidos adjacentes podem ter em relação a um determinado agente, decorrentes das suas capacidades de seleção".

Terapia de captura de neutrões com gadolínio (Gd- NCT):

Naves e Almeida [81], afirmam que: "A GdNTC é uma terapia contra o cancro que apresenta algumas vantagens em relação aos tratamentos de quimioterapia tradicionais, pois utiliza a radiação emitida pelo elemento Gadolínio, isótopo 157 (^{157} Gd), como resultado da reação de captura de neutrões térmicos, com uma secção transversal de captura particularmente grande, com um valor de 255000 barns de neutrões térmicos. No A quimioterapia tradicional não utiliza qualquer substância ativa, uma vez que os próprios elementos de captura de neutrões contribuem para a inativação do tumor. Outro aspeto positivo é o facto de a GdNCT poder aumentar a possibilidade de atingir as células tumorais alvo e de provocar uma destruição localmente intensa do ADN das células neoplásicas. Os efeitos secundários graves que se verificam nos tratamentos de quimioterapia tradicionais não são a principal preocupação da NCT".

CAPÍTULO 4

PENSOS PARA FERIDAS

Antes de iniciarmos o tópico dos pensos para feridas, é muito importante transmitir aos leitores alguns conceitos importantes sobre os tipos de feridas e os respectivos tratamentos. De acordo com a Wound Healing Society, uma ferida pode ser descrita como uma rutura na pele ou um defeito, causado por danos térmicos ou físicos ou como resultado de uma condição fisiológica ou da presença de um problema médico subjacente, é o resultado da perturbação da estrutura e função anatómica normal [82]. Com base no número de camadas da pele e na área da pele afetada, as feridas podem ser classificadas como: feridas superficiais (afectam apenas a superfície epidérmica da pele), feridas de espessura parcial (a lesão envolve a epiderme e as camadas dérmicas mais profundas, incluindo as glândulas sudoríparas, os vasos sanguíneos e os folículos pilosos) e feridas de espessura total (ocorrem quando, para além da epiderme e das camadas dérmicas, os danos atingem a gordura subcutânea subjacente ou os tecidos mais profundos) [83]. As feridas podem ser classificadas como feridas crónicas ou agudas com base na natureza do processo de reparação, como se pode ver nas orientações seguintes [84], [85]:

- **Feridas crónicas:** este tipo de ferida tem como principal caraterística as lesões tecidulares que cicatrizam lentamente, são frequentemente recorrentes e, na maioria das vezes, não cicatrizam para além de 12 semanas. O processo de falha de cicatrização ocorre devido a condições fisiológicas subjacentes, tais como: infecções, diabetes, doenças malignas, atraso no tratamento primário e outros factores do doente. As feridas crónicas incluem as úlceras da perna (de origem isquémica, venosa ou traumática) e as úlceras de decúbito (úlceras de pressão).

- **Feridas agudas:** estas feridas, na maioria das vezes, cicatrizam completamente num período de tempo esperado de 8-12 semanas, com uma cicatriz mínima. Este tipo de ferida está principalmente relacionado com lesões mecânicas causadas por factores externos, tais como: contacto por fricção entre a pele e superfícies duras. Por outro lado, também está relacionado com feridas cirúrgicas causadas por incisões cirúrgicas para, por exemplo, remover tumores, lesões mecânicas causadas por tiros de armas de fogo e facas e, por último, mas não menos importante, as lesões químicas e por queimaduras, que surgem de diferentes tipos de fontes, como produtos químicos corrosivos, radiação, eletricidade e exposição térmica. A lesão por exposição térmica é influenciada pelo tempo de exposição e também pela temperatura da fonte.

Tanto as feridas crónicas como as agudas são difíceis de tratar e curar. Dependendo das propriedades complexas das feridas, podem levar à presença de patologia, perda de tecido, sistemas de má circulação e, no pior dos casos, à morte do tecido [86].

Cicatrização de feridas

A cicatrização de feridas é um processo biológico específico relacionado com a regeneração dos tecidos e com o fenómeno geral do crescimento. De acordo com Schultz [87], o processo de cicatrização de feridas compreende cinco fases sobrepostas que envolvem processos bioquímicos e celulares complexos, descritos como fases de hemostase, inflamação, migração, proliferação e maturação.

Para melhorar a gestão e o tratamento de feridas, é necessário abordar a cicatrização de feridas a vários níveis, como o molecular e o celular. Até à data, os pensos para cicatrização de feridas e as novas tecnologias estão a centrar-se cada vez mais nestes aspectos.

Pensos para feridas

Nas últimas décadas, as tecnologias de pensos para feridas têm vindo a surgir no domínio da medicina. O penso ideal deve promover um incómodo mínimo para os doentes e, ao mesmo tempo, deve conseguir uma cicatrização rápida da ferida a um custo razoável. Isto constitui um segmento importante dos cuidados farmacêuticos e médicos de feridas em todo o mundo, em que a variedade de tipos de feridas resultou numa vasta gama de pensos que visam diferentes aspectos do processo de cicatrização de feridas e, ao mesmo tempo, é necessário desenvolver pensos diferentes para diferentes objectivos, uma vez que um único penso não é adequado para a gestão de todas as feridas.

Antes de serem considerados para utilização de rotina, os pensos para feridas devem ser avaliados e testados em termos do seu desempenho clínico e propriedades físicas para uma determinada fase da cicatrização da ferida, bem como do tipo de ferida. O tratamento eficaz de feridas depende da compreensão de uma série de factores diferentes, tais como os dois mencionados anteriormente, bem como das condições ambientais e sociais e do estado do doente em termos de saúde [88].

A classificação dos pensos pode ser feita dependendo da sua função na ferida (efeito antibacteriano, desbridamento, oclusivo, aderente, absorvente) [89], da forma física do penso (espuma, gel, película, pomada) [90] e do tipo de material utilizado para produzir o penso [91]. Estes pensos são ainda classificados como pensos primários, secundários e em ilha, sendo que os pensos que entram em contacto físico com a superfície da ferida são designados por pensos primários, enquanto os pensos secundários cobrem os pensos primários. O curativo em ilha possui uma região central absorvente cercada por uma porção adesiva [92].

Naves e Almeida [93] escreveram, "no passado, a função principal era evitar a entrada de bactérias nocivas na ferida e, ao mesmo tempo, manter a ferida seca, permitindo a evaporação dos exsudados da ferida. É importante notar que devem ser feitos diferentes pensos para diferentes aplicações, por exemplo: proporcionar uma carga bacteriana baixa, evitar um ambiente húmido à volta da ferida, transferir medicamentos para a superfície da pele e, por último, mas não menos importante, uma circulação de oxigénio eficaz para ajudar a regenerar as células e os tecidos".

Caracterização física do penso para feridas

- **Afinidade de fluidos:** é a capacidade de doar humidade ou absorver a forma líquida de substratos padrão, de acordo com a EN 13726-1 [94]. O teste de afinidade de fluidos é aplicável a pensos de hidrogel amorfo, uma vez que possui a capacidade de absorver e doar (ajudando a facilitar a re-hidratação do tecido necrótico seco, promovendo o desbridamento autolítico [95]) o exsudado da ferida. Uma vez que o desbridamento autolítico ocorre, por ter alta afinidade de fluido, o curativo de hidrogel pode ajudar a absorver o excesso de exsudato da ferida e liquefazer os detritos do tecido.

- **Permeabilidade ao vapor de água:** Boateng et al [96], afirmou que "Os pensos normalmente indicados para este método são os pensos hidrocolóides, normalmente sob a forma de folhas ou película (...) mede a quantidade de vapor de água perdida através de um penso para a atmosfera a partir do leito da ferida durante períodos de tempo definidos (...) dá uma indicação das alterações relacionadas com o tempo que podem ocorrer na permeabilidade de alguns pensos, que podem aumentar drasticamente à medida que o produto absorve líquido dos géis, atingindo um estado estável após algumas horas. Em alguns pensos, os mecanismos de transmissão do vapor de humidade envolvem a absorção e a deslocação do fluido da interface ferida-pele através de uma camada inferior absorvente para uma camada superior não oclusiva, onde algum fluido é perdido para a atmosfera por evaporação. Este mecanismo destina-se a aumentar a capacidade de manuseamento de fluidos do penso, embora não existam dados clínicos que confirmem a sua eficácia na prática".

- **Retenção de fluidos ou absorção de água:** Tem como objetivo determinar o desempenho do penso em condições mais extremas, através da quantidade máxima retida e absorvida como uma percentagem. A indicação de retenção e absorção de água é medida pelo aumento de peso após a dilatação e absorção de líquido durante um determinado período de tempo [95].

- **Resistência à tração:** este ensaio avalia a tensão máxima aplicada a um ponto e corresponde à força por unidade de área à qual a película se rompe. Tem como objetivo descrever o grau de fragilidade e dureza da película. A resistência à tração é diretamente afetada pela quantidade, o peso molecular e o tipo de polímeros utilizados [97].

- **Módulo elástico:** é a principal propriedade empregue na análise mecânica dinâmica, a fim de medir a temperatura de transição vítrea para caraterizar pensos poliméricos ou outros polímeros amorfos [98]. É a propriedade mecânica mais estrutural e fundamental das películas e é uma medida da rigidez e rigidez da película, que é calculada a partir da inclinação da parte linear inicial da curva tensão-deformação. Quanto mais elevado for o módulo de elasticidade, mais dura e rígida é a película, o que significa que a película é difícil de quebrar. O módulo de elasticidade, tal como a resistência à tração, é muito sensível à presença de plastificantes como o glicerol e a água [99].

- **Percentagem de deformação na rutura:** está diretamente relacionada com o alongamento das películas no ponto de rutura. Esta é uma medida da fragilidade e ductilidade da película. Medido em percentagem, o aumento da percentagem de alongamento ocorre principalmente quando a película se torna elástica, passando de dúctil a elástica [100].

Pensos tradicionais para feridas

Os pensos tradicionais para feridas incluem algodão, ligaduras sintéticas ou naturais e gazes. Este tipo de penso não é utilizado com frequência, porque é seco e não proporciona um ambiente húmido à ferida. Podem ser utilizados como pensos primários ou secundários. Também podem ser utilizados para formar uma parte de um composto de vários pensos, em que os diferentes pensos desempenham uma função específica [96].

Os pensos são feitos de material sintético (poliamida) ou natural (algodão, lã e celulose). O penso de gaze é um tecido não tecido ou tecido feito de fibras como poliéster, algodão, viscose ou uma combinação das mesmas. Estes pensos foram considerados menos económicos em comparação com os pensos para feridas mais modernos. Para além disso, os pensos tradicionais têm de ser mudados regularmente para evitar a maceração do tecido saudável subjacente. A gaze pode atuar por vezes como uma barreira de proteção contra bactérias, mas esta função perde-se completamente quando a superfície exterior do penso fica humedecida por fluidos externos ou pelo exsudado da ferida. Estes pensos tendem a tornar-se mais aderentes à superfície da ferida à medida que a produção de fluidos diminui, pelo que podem causar desconforto ao doente, uma vez que a sua remoção é dolorosa [101]. Em 2002, Morgan [88] sugeriu que os pensos tradicionais deveriam ser utilizados apenas em feridas secas e limpas, ou como pensos secundários, de modo a proteger a ferida e absorver exsudados.

Pensos modernos para feridas

- **Pensos de hidrogel:** são expansíveis e insolúveis, contêm uma quantidade significativa de água (70-90%), pelo que não conseguem absorver uma quantidade significativa de água, sendo por isso indicados para feridas com exsudação ligeira a moderada. São fabricados a partir de polímeros sintéticos, como a polivinilpirrolidina e os poli(metacrilatos). O hidrogel pode ser aplicado na superfície da ferida sob a forma de lâmina ou de gel. Quando aplicado como folha, devido às suas propriedades hidrofílicas, estes pensos podem absorver e reter volumes de água em contacto com a ferida supurada e não há necessidade de uma camada de penso secundária. Podem ou não ter bordos adesivos. No entanto, quando aplicadas na ferida sob a forma de gel, é normalmente necessária uma camada secundária que cubra a ferida, como a gaze, e é necessário mudá-las frequentemente [102]. Em caso de excesso de exsudação de fluidos, pode provocar a acumulação de fluidos, levando à proliferação de bactérias, produzindo um odor desagradável em feridas infectadas e maceração da pele. Os hidrogéis têm uma elevada aceitabilidade por parte dos doentes, uma vez que não são aderentes, promovem a cicatrização húmida e arrefecem a superfície da ferida, reduzindo assim a dor e o desconforto. Não são irritantes, são permeáveis aos metabolitos e não reactivos com o tecido biológico [103]. Além disso, são adequados para utilização em quase todas as fases da cicatrização de feridas, excluindo as feridas muito exsudativas ou infectadas [88].

- **Penso hidrocolóide:** é o termo utilizado para descrever a família de produtos para o tratamento de feridas obtidos a partir de material coloidal combinado com outros materiais, como adesivos e elastómeros. Os pensos hidrocolóides estão entre os mais utilizados para a proposta de curativos de feridas. Isto acontece porque, ao contrário dos outros tipos de pensos, os pensos hidrocolóides têm a propriedade de aderir tanto a feridas secas como húmidas [104]. Eles podem ocorrer na forma de folhas e filmes finos ou como curativos compostos em combinação com outros materiais. Os pensos hidrocolóides são impermeáveis ao vapor de água no seu estado intacto, mas quando ocorre a absorção do exsudado da ferida, o seu estado físico altera-se com a formação de um gel que cobre a ferida. À medida que o gel se forma, tornam-se mais permeáveis à água e ao ar [105]. Como não causam dor na remoção, são particularmente úteis no tratamento de feridas pediátricas para a gestão de feridas crónicas e agudas [106]. São úteis para feridas com exsudação ligeira a moderada, tais como: queimaduras ligeiras, lesões traumáticas e úlceras de pressão. Os doentes que utilizaram pensos hidrocolóides sentiram menos dor, pelo que necessitaram de menos analgesia. Estes doentes também foram capazes de realizar as suas actividades diárias, incluindo tomar banho e duche, sem causar qualquer dano ou efeito na ferida ou no penso [107].

- **Pensos de Película Adesiva Semi-permeável:** foram inicialmente feitos a partir de derivados de nylon suportados por uma estrutura adesiva, tornando-os oclusivos. A utilização de pensos originais de película derivada de nylon tinha uma capacidade limitada para absorver quantidades suficientes de exsudado da ferida, resultando na acumulação de excesso de exsudado da ferida por baixo do penso [102]. A acumulação de exsudado nas feridas pode levar ao risco de infeção, maceração da pele e elevada carga bacteriana, devido ao ambiente perfeito para a proliferação de bactérias. Requer uma mudança regular e irrigação da ferida com soro fisiológico, o que os torna inadequados como pensos para feridas [96].

- **Pensos Biológicos:** também podem ser designados como pensos bioactivos, incluindo produtos de engenharia derivados de fontes artificiais ou tecidos naturais [108]. Estes pensos desempenham um papel ativo no processo de cicatrização de feridas e são feitos de biomateriais, que são biodegradáveis, tendo a vantagem de fazerem parte da matriz natural do tecido e podem desempenhar um papel ativo na formação de novos tecidos e na cicatrização normal de feridas [109]. A tecnologia de utilização de pensos biológicos combina normalmente polímeros como: alginatos, elastina, quitosano [110], ácido hialurónico [111] e colagénio [112]. Em alguns casos, os pensos biológicos podem ser incorporados   com compostos, tais como factores de crescimento e agentes antimicrobianos, para serem administrados nos locais das feridas. Têm propriedades superiores em comparação com os pensos convencionais e sintéticos, como os pensos de hidrogel e a gaze [113].

- **Pensos de Espuma:** são feitos de película de espuma de poliuretano ou espuma de poliuretano porosa [88]. Alguns deles podem ter bordos adesivos, uma camada de suporte polimérica oclusiva para evitar a contaminação bacteriana e a perda excessiva de fluidos [114], podem também ter camadas adicionais de contacto com a ferida para evitar a aderência quando a ferida está seca. As propriedades dos pensos de espuma, como a espessura, a textura e a dimensão dos poros, tornam-nos altamente absorventes. Os poros abertos também desempenham um papel adjuvante na elevada taxa de permeabilidade ao vapor de humidade (MVTR) [116]. Esta estrutura porosa torna-os adequados para feridas de espessura total ou parcial, desde feridas mínimas a feridas com muita exsudação [117]. Foi demonstrado que os pensos de espuma podem reduzir a dor e o tempo de enfermagem, e aumentar a satisfação do doente [118]. Podem ser utilizados como um penso primário da ferida para isolamento e absorção. Não há necessidade de um penso secundário devido à sua elevada permeabilidade e absorção do vapor de humidade. Por outro lado, os pensos de espuma não são indicados para cicatrizes secas ou feridas epiteliais secas, uma vez que, ao contrário da película de polímeros, dependem confiantemente dos exsudados para obter um ambiente optimizado de cicatrização da ferida [119].

CAPÍTULO 5
SISTEMAS DE ADMINISTRAÇÃO DE MEDICAMENTOS (DDS)

Sem a necessidade de mudanças frequentes de pensos e de forma sustentável durante um longo período de tempo, os sistemas controlados de administração de fármacos podem proporcionar uma excelente administração de fármacos no local da ferida, reduzindo a exposição do doente a um excesso de fármaco para além do necessário para a cicatrização da ferida. Os sistemas de administração de fármacos (DDS) são potencialmente úteis no tratamento de infecções locais, em que pode ser benéfico evitar doses sistémicas elevadas e, ao mesmo tempo, aumentar a concentração local de antibióticos; podem administrar substâncias activas no local da ferida de forma controlada durante um período sustentado, cerca de uma semana ou mais, podendo ajudar a minimizar ou resolver problemas na superfície da ferida. Os DDS podem ser fabricados por pensos bioadesivos, naturais, sintéticos e semi-sintéticos derivados de polímeros [120].

Quando se trata da adesão dos doentes, os DDS têm vantagens, especialmente no tratamento de feridas crónicas, em que a maioria dos doentes é submetida a um longo período de tratamento. Para além disso, estes sistemas são biodegradáveis e, por conseguinte, podem ser facilmente lavados da superfície da ferida, depois de terem exercido o efeito proposto [121].

Atualmente, a maior parte dos pensos modernos para feridas são feitos de polímeros que podem desempenhar um papel na libertação e administração de fármacos nos locais das feridas. Os pensos microencapsulados de polímeros biodegradáveis têm recebido grande atenção como potenciais veículos de administração de fármacos, tendo em conta as suas aplicações na administração de fármacos alvo, uma vez que são utilizados para a administração controlada de fármacos em feridas. Podem ser classificados como [122]-[126]:

- **Biomateriais:** Quitosano, colagénio e ácido hialurónico.

- **Hidrogel:** pensos de poli(lactido-co-glicolida), poli(álcool vinílico), poli(pirrolidona vinílica), espuma de poliuretano, hidrocolóide e alginato.

- **Pensos expansíveis:** ácido lático e folha de gel de silicone.

[st]No século XXI, a tecnologia de microencapsulação de fármacos tem sido extremamente aplicada para a administração de fármacos. Possui um potencial significativo nos domínios terapêutico e farmacêutico, uma vez que permite a libertação controlada e sustentada de agentes farmacêuticos para vários fins médicos. É necessário ter algumas considerações técnicas relativamente ao futuro e aos requisitos dos agentes farmacêuticos microencapsulados, uma vez que estes agentes devem ser identificados e especificados antes da conceção do medicamento. A aprovação ética dos produtos farmacêuticos deve ser obtida para demonstrar a utilização dos fármacos, tal como é apoiada pelos resultados de ensaios clínicos e experiências com animais. As questões económicas, de qualidade e técnicas devem ser consideradas quando a tecnologia de microencapsulação de agentes farmacêuticos é implementada para a produção em massa. Quando estes fármacos são concebidos para aplicação terapêutica, é muito importante identificar e examinar cuidadosamente as propriedades químicas, físicas e terapêuticas das microcápsulas. Para evitar a administração de uma dose excessiva de fármaco, a quantidade de fármaco aprisionado nas microcápsulas deve ser cuidadosamente controlada. Além disso, a dimensão das partículas das microcápsulas concebidas pode alterar a área de superfície total para a libertação do fármaco. O controlo da qualidade é necessário para produzir medicamentos microencapsulados com uma qualidade aceitável [127].

A tecnologia de microencapsulação pode proporcionar muitos benefícios na administração transdérmica de medicamentos. O microencapsulamento proporciona uma barreira física para proteger os fármacos que estão sujeitos a ambientes externos como a evaporação, o calor, a alcalinidade, a acidez, a oxidação ou a humidade antes de os libertar, a fim de melhorar a sua estabilidade. Também melhora os inconvenientes das vias convencionais de administração de fármacos, incluindo a fraca compatibilidade e biodisponibilidade, a curta duração e a absorção. Quando pensado para um fim terapêutico específico, o desempenho terapêutico a longo prazo pode ser melhorado através da microencapsulação de fármacos com uma resposta adequada do hospedeiro, podendo os fármacos ser libertados de uma só vez ou moderada e gradualmente [128]. Todo o material utilizado no desenvolvimento da formação de microcápsulas deve ser padronizado em termos de purificação e situações de reação e composições químicas, de modo a atingir os requisitos de eficiência e biossegurança e minimizar a variabilidade da produção em diferentes laboratórios [129].

Em 2013, Lam e Gambari [130] afirmaram que: "A administração transdérmica consiste em aplicar o fármaco ou o medicamento na pele, pelo que os inconvenientes da administração oral, como a degradação enzimática e a rápida depuração no trato gastrointestinal ou o metabolismo de primeira passagem, podem ser evitados. A administração de medicamentos nos locais da pele alivia a dor e o desconforto físicos e também promove a conveniência e a adesão do doente ao tratamento medicamentoso. Embora a pele ofereça uma área de superfície relativamente grande e facilmente acessível para a absorção de fármacos, a administração de fármacos dirigida à pele continua a apresentar limitações. A pele humana é uma barreira impermeável que proporciona uma forte proteção contra substâncias externas (...) - A pele é composta principalmente por duas camadas: a camada subjacente e a camada basal superior. Na camada subjacente, encontram-se vários tipos de células, vasos sanguíneos, linfáticos e nervos, numa densa rede de tecido conjuntivo. Na membrana basal superior, existem mais de 90% de queratinócitos estratificados, e os queratinócitos sofrem a diferenciação celular e movem-se para cima a partir do estrato basal, através do estrato espinhoso e do estrato granuloso, até à camada mais externa, o estrato córneo, para finalmente se tornarem corneócitos (...). O estrato córneo, enquanto camada mais externa da epiderme, constitui uma barreira extremamente eficaz para o controlo da penetração dos fármacos, devido à incapacidade da grande maioria dos fármacos de atravessar a pele a taxas terapêuticas, sendo também a principal barreira para a saída de água da pele (...) Por conseguinte, o principal desafio da administração transdérmica de fármacos consiste em ultrapassar a forte função de barreira da pele, uma vez que esta barreira conduz a taxas de penetração lentas dos fármacos, a uma taxa de absorção limitada dos fármacos e à falta de flexibilidade ou precisão da dosagem".

Mecanismos de libertação de fármacos

- **Inchaço e dissolução:** o mecanismo de inchaço envolve a absorção de água pelos sistemas poliméricos, resultando no aumento do volume. Este processo está relacionado com a dissolução do fármaco do sistema polimérico. O inchaço ocorre na matriz polimérica carregada com fármaco quando a água entra na matriz polimérica e os sistemas poliméricos incham ao absorver a água. Neste momento, ocorre a dissolução do fármaco, o fármaco aprisionado dissolve-se gradualmente e difunde-se através da matriz polimérica inchada para o meio de libertação [131]. As propriedades dos materiais poliméricos estão diretamente relacionadas com a taxa de inchaço do polímero. Quando se trata de uma formulação fármaco-polímero, a maior parte das vezes contém polímeros hidrofílicos com baixa densidade de cadeia de ligações cruzadas. Através desta fase, a água penetra, causando uma rápida dilatação do polímero, o que resulta na rápida dissolução do fármaco da matriz polimérica na sua fase sólida para o meio de libertação [132].

- **Difusão:** a libertação do fármaco por difusão pode ser feita por:

  * Microcápsulas de matriz polimérica: neste processo, o fármaco é encapsulado na matriz polimérica das microcápsulas e, posteriormente, a libertação do fármaco é conseguida por difusão *através da* matriz, envolvendo a libertação inicial do fármaco a partir da parede da superfície da matriz. A parede da matriz influenciará a taxa de libertação do fármaco, que está diretamente relacionada com as propriedades físicas dos polímeros utilizados na parede da matriz. Quando são utilizados polímeros hidrofóbicos, isto pode resultar num atraso na libertação e difusão do

fármaco a partir das microcápsulas [130], [132].

* Sistema de reservatório polimérico: o fármaco é aprisionado no interior do reservatório central por uma membrana de parede polimérica. Em primeiro lugar, os fármacos entram na membrana polimérica da parede das microcápsulas a partir do reservatório central e, depois, pouco a pouco, vão-se difundindo para o outro lado da membrana da parede no meio. A taxa de fluxo de fármaco é constante e tem uma libertação de fármaco de ordem zero, quando o reservatório do núcleo está saturado e   constante O gradiente de concentração do fármaco é mantido na membrana da parede, como resultado deste gradiente de concentração constante através da membrana da parede e da concentração interna e externa do fármaco no núcleo, a taxa de libertação do fármaco mantém-se constante. Quando a concentração do fármaco na membrana da parede e no reservatório do núcleo cai abaixo da saturação, a taxa de libertação do fármaco diminui [131].

- **Osmose:** este processo está relacionado com o equilíbrio do movimento da água molecular no gradiente de concentração através da membrana semipermeável da parede das microcápsulas. Os osmólitos são os compostos que afectam a osmose, desempenhando um papel na manutenção do equilíbrio do fluido e do volume celular, pelo que podem influenciar a taxa de fluxo do fármaco através da membrana da parede das microcápsulas, que depende da temperatura, da permeabilidade da membrana da parede e da propriedade e concentração do fármaco. O bombeamento osmótico ocorre quando a pressão osmótica impulsiona o transporte dos fármacos através da absorção de água. A rutura das microcápsulas ocorre quando o fluxo osmótico de água atravessa a matriz da parede e dilui a solução do fármaco no interior das microcápsulas, provocando a formação de poços, microfissuras e, por fim, a rutura das microcápsulas [130], [133].

- **Degradação e erodibilidade:** os materiais poliméricos utilizados na erosão e degradação do sistema de administração de fármacos devem ser biocompatíveis, não tóxicos e ter biodegradação. Nos sistemas de microencapsulação, os fármacos são homogeneamente misturados com os polímeros. A distância entre a superfície das microcápsulas e o fármaco molecular é fortemente reduzida pela erosão e degradação da parede polimérica das microcápsulas. A erosão e a degradação da matriz polimérica das microcápsulas são geralmente mais lentas do que o processo de hidratação. Induzida pela absorção de água, ocorre a difusão do fármaco aprisionado e a sua libertação através dos microporos das microcápsulas. As moléculas de fármaco encapsuladas permanecem no interior das microcápsulas, enquanto a matriz polimérica começa a degradar-se e a sofrer erosão, uma vez que a matriz polimérica se desintegra, o fármaco aprisionado é libertado. [130]-[132].

Compósitos para sistemas de administração de medicamentos (DDS):

Nas últimas décadas, têm surgido novas tecnologias e novos compósitos para a libertação controlada de fármacos. Neste livro, decidimos concentrar-nos em quatro compósitos diferentes, que são caracterizados de seguida:

- **Poly(Lactic-co-glycolic)-PLGA:** nos últimos anos, têm sido utilizadas formas de dosagem de libertação controlada como partículas poliméricas biodegradáveis biocompatíveis e injectáveis, a fim de evitar a inserção cirúrgica inconveniente de implantes de grandes dimensões [134]. Os polímeros biodegradáveis sintéticos têm sido objeto de investigação, uma vez que estão isentos da maioria dos problemas associados aos polímeros naturais [135]. O PLGA tem um enorme interesse devido à sua excelente biodegradabilidade e biocompatibilidade [136]. A cristalinidade do polímero PLGA está diretamente relacionada com o comportamento de inchaço, a capacidade de sofrer hidrólise, a resistência mecânica e, subsequentemente, a taxa de biodegradação, estando esta última dependente do peso molecular do polímero e da razão molar do ácido lático e do ácido glicólico na cadeia polimérica [137]. O peso molecular do polímero pode influenciar o ponto de fusão e o grau de cristalinidade; os PLGAs que contêm menos de 70% de glicolídeo são amorfos por natureza [138]. A resistência mecânica acima mencionada é um fator muito importante quando se trata de PLGA, uma vez que os dispositivos de administração de medicamentos formulados com estes polímeros estão sujeitos a um esforço físico significativo [139]. Rajeev [140] referiu que "a administração de fármacos utilizando PLGA biodegradável (...) é fácil de formular em dispositivos de administração de fármacos e foi aprovada pela FDA para utilização na administração de fármacos. Os vários dispositivos de PLGA biodegradável fabricados a partir de diferentes técnicas são versáteis em termos das várias classes de fármacos encapsulados, dos diferentes períodos de libertação e das diversas vias de administração. As micropartículas de PLGA, em particular, são importantes sistemas de administração de fármacos em que é possível obter vários perfis de libertação de fármacos ajustando a composição do PLGA, o peso molecular, a carga de fármaco, o tamanho das micropartículas, a porosidade e outros factores".

- **Quitosano (CS):** é biocompatível com os tecidos vivos, uma vez que não provoca qualquer rejeição ou reação alérgica. Tem capacidade de coagulação, atividade imunoestimulante, boa adesão, possui propriedades antimicrobianas e pode absorver metais tóxicos como o cádmio e o mercúrio [141]. A quitosana pode ser produzida em várias formas, como fibra, filme, pasta, pó, etc... [142].

Em comparação com outros polímeros naturais, a CS é mucoadesiva e tem uma carga positiva. A fim de utilizar a CS para fins clínicos, podem ser aplicados vários métodos de esterilização, tais como calor, vapor, radiação ionizante e métodos químicos [143]. Um grau mais elevado de desacetilação (> 65%) pode aumentar a densidade de carga e, eventualmente, melhorar o transporte do fármaco [93]. A libertação do fármaco dos sistemas à base de CS depende da morfologia, da reticulação, das propriedades físico-químicas, da presença de adjuvantes e da densidade e dimensão do sistema de partículas. A modificação química do quitosano pode melhorar as suas propriedades, como a hidrofilicidade, a solubilidade, etc. [141]. [141]

* **Zeólito:** na última década, o zeólito tem sido apontado como o mais poderoso antioxidante natural e imunoestimulador [144].

Pode ser útil para vários fins, tais como: proteção ambiental, cuidados de saúde e permutadores iónicos. A sua estrutura cristalina é um tetraedro, os zeólitos naturais são minerais de silicato microporosos que formam rochas. Possui vários efeitos positivos no metabolismo dos organismos vivos. Foi aprovado para aplicação humana, por ter efeito antimetastático e anticarcinogénico. Uma vez que as nano partículas de zeólitos são aplicadas a materiais têxteis, o têxtil resultante apresenta uma proteção UV [145]. Pode ser utilizado para desenvolver novos tecidos de proteção UV e garantir a capacidade de proteger a pele contra os raios UVA e UVB, que é um dos factores bem conhecidos de formação de neoplasias malignas da pele. Além disso, a zeólita activada previne a criação de células malignas através da inibição da proteína quinase B (bem conhecida por estimular oncogenes que resultam na mutação do ADN e na criação de células malignas), para outra quinase incluída no processo de provocação do cancro e apoptose [146]. A zeólita tem também propriedades antioxidantes muito fortes que podem afetar o stress oxidativo nos doentes com cancro. Muitas alterações patológicas no organismo são causadas por radicais livres, que derivam do oxigénio. Estas patologias estão relacionadas, entre outras, com choque hemorrágico, distúrbios neurológicos, doenças auto-imunes, inflamação e cancro. Cerca de 90% de várias doenças resultam de danos celulares ou de perturbações da função celular causadas direta ou indiretamente pela atividade dos radicais livres de oxigénio16. Grancaric et al. [147] afirmaram que "atualmente, vários antioxidantes estão a ser investigados clinicamente como adjuvantes de terapias padrão e experimentais contra o cancro. A atividade anticancerígena dos antioxidantes pode não só ser atribuída às suas propriedades de eliminação de radicais, mas também à modulação direta das vias de transdução de sinal celular, resultando na paragem do crescimento e na apoptose das células cancerígenas. Recentemente, foi demonstrado que 4 semanas de suplementação oral com zeólito ativado resultaram na restauração de níveis antioxidantes previamente aumentados (Radox Total Antioxidant Status) e na diminuição de radicais livres (d-Rom-s Free Radical Analytical System) no plasma de pacientes com cancro".

- Nanopartículas de quitosano carregadas com ácido gadopentético (Gd-DTPA) (Gd-nanoCPs): Tokumitsu et al. [148] referiram no seu estudo as vantagens potenciais da utilização de nanopartículas complexas de quitosano e ácido gadopentético para a terapia de captura de neutrões de gadolínio para o cancro, devido às suas propriedades favoráveis como material farmacêutico. Uma das questões-chave na Gd-NCT é desenvolver um dispositivo capaz de manter uma concentração suficiente de Gd no tumor durante o tratamento [149]. Ichikawa et al. [150] escreveram: "A retenção de Gd no tecido tumoral poderia ser melhorada utilizando Gd-nanoCPs com um tamanho de partícula mais pequeno para a mesma dose de Gd, resultando no aumento do efeito da NCT. A redução do tamanho das partículas melhoraria também a distribuição do Gd no tecido tumoral, que é considerada um fator importante para o efeito da NCT. O Gd-nanoCP200 seria distribuído mais facilmente/amplamente no tecido tumoral por difusão devido ao tamanho mais pequeno das partículas. Além disso, a distribuição de Gd no tecido tumoral pode ser afetada pela magnitude do potencial zeta das Gd-nanoCP (...), A utilização de quitosano com baixo peso molecular tornou possível produzir Gd-nanoCP com um tamanho de partícula mais pequeno, bem como um potencial zeta mais baixo e um teor de Gd mais elevado (....) revelou que a modificação das propriedades micrométricas das Gd-nanoCPs pode ser uma das formas eficazes de aumentar o efeito da Gd-NCT por administração intratumoral", proporcionando a apoptose de células malignas após a aplicação de radiação [81].

CONCLUSÕES

Esta revisão bibliográfica foi efectuada com o objetivo de estabelecer uma linha de partida para o desenvolvimento de uma tese de doutoramento, centrada na terapia do cancro da pele melanoma através de sistemas de administração transdérmica de fármacos.

Em conclusão, podemos afirmar que a utilização da nanotecnologia pode ser uma abordagem emergente e uma nova alternativa para o tratamento do Cancro da Pele Melanoma. Para esta aplicação, podemos utilizar pensos modernos, nomeadamente o penso hidrocolóide, que é o mais utilizado no mercado médico, devido às suas propriedades como a absorção e a boa taxa de permeabilidade ao vapor. Além disso, o penso hidrocolóide proporciona conforto aos doentes, evitando a dor aquando da remoção. No que diz respeito à terapia do cancro, é importante desenvolver fármacos de libertação controlada, proporcionando uma ação prolongada da atividade do fármaco durante um longo período de tempo.

De acordo com esta revisão, os pensos hidrocolóides à base de PLGA podem ser uma alternativa emergente, uma vez combinados com quitosano e zeólito. Os investigadores relataram que ambos os compostos têm atividade antimicrobiana, capacidade imuno-estimulante e bom comportamento de coagulação.

Nas nossas investigações futuras, iremos realizar mais estudos sobre os sistemas modernos de aplicação de fármacos em pensos para feridas, de modo a minimizar os efeitos secundários e os efeitos tóxicos causados pela quimioterapia e pela radioterapia.

Iremos continuar a investigar a Terapia de Captura de Neutrões e os compósitos a ela associados, como os GdnanoCPs e a Zeolite, uma vez que estes compósitos, de acordo com a revisão bibliográfica apresentada neste livro, têm bons efeitos anticancerígenos e antimetastáticos e poderão ser úteis para o desenvolvimento de pensos de radioterapia.

Referências:

G. Zarbin, A, J, *Química dos materiais*, 6ª ed., São Paulo: Ed. São Paulo: Nova, 2007.

J. N. Kennedy, C., Bajdik, C.D., Willemze, R., De Gruijl, F.R., Bowes Bavinck, "The influence of painful sunburns and lifetime sun exposure on the risk of actinic keraatosis, seborrheic warts, melanocytic nevi, atypical nevi and skin cancer", *Invest. Dermatol*, vol. 120, pp. 1087-1093, 2003.

a. G. MacDiarmid, W. E. Jones, I. D. Norris, J. Gao, a. T. Johnson, N. J. Pinto, J. Hone, B. Han, F. K. Ko, H. Okuzaki, e M. Llaguno, "Electrostatically-generated nanofibers of electronic polymers", *Synth. Met.*, vol. 119, no. 1-3, pp. 27-30, 2001.

T. Subbiah, G. S. Bhat, R. W. Tock, S. Parameswaran, e S. S. Ramkumar, "Electrospinning of nanofibers", *J. Appl. Polym. Sci.*, vol. 96, no. 2, pp. 557-569, 2005.

J. Griffond e G. Casalis, "On the dependence on the formulation of some nonparallel stability approaches applied to the Taylor flow", *Phys. Fluids*, vol. 12, no. 2, pp. 466-468, 2000.

J. . Deitzel, J. Kleinmeyer, D. Harris, e N. . Beck Tan, "The effect of processing variables on the morphology of electrospun nanofibers and textiles", *Polymer (Guildf)*, vol. 42, no. 1, pp. 261-272, 2001.

S. Ramakrishna, J. Mayer, E. Wintermantel, e K. W. Leong, "Biomedical applications of polymer-composite materials: A review", *Compos. Sci. Technol.*, vol. 61, n.º 9, pp. 1189-1224, 2001.

J. L. Narayanan, D.L., Saladi, R.N., Fox, "Ultraviolet radiation and skin cancer", *Int. Journ. Dermatol*, no. 49, pp. 978-986, 2010.

K. H. Kraemer, "A luz solar e o cancro da pele: Outra ligação revelado", *Proc. Nail. Acad. Sci.*, vol. 94, pp. 11-14, 1997.

J. F. . Scotto, J., Fears, T.R. & Fraumeni, "Incidence of Nonmelanoma Skin Cancer in the United States", 1982.

M. L. Kripke, *Carcinogénese: Ultraviolet Radiation*. McGraw Hill, 1993.

J. C. Lang, P.G., Maize, "Basal cell carcinoma", em *Cancer of the skin*, R. Rigel, D.L., Reitgen, D.S., Bystryn, J.C., Marks, Ed. Philadelphia: Elsevier-Saunders, 2005, pp. 101-132.

G. A. Alexander e U. K. Henschke, "Advanced skin cancer in Tanzanian albinos: preliminary observations", *J. Natl. Med. Assoc.*, vol. 73, no. 11, pp. 1047-1054, 1981.

A. B. Forman, H. H. Roenigk, W. A. Caro, e M. L. Magid, "Long-term follow-up of skin cancer in the PUVA-48 cooperative study", 1989.

K. D. Werlinger, G. Upton, e A. Y. Moore, "Recurrence rates of primary nonmelanoma skin cancers treated by surgical excision compared to electrodesiccation-curettage in a private dermatological practice", *Dermatol. Surg*, vol. 28, no. 12, pp. 1138-42; discussão 1142, 2002.

G. Sarasin, A., Giglia-Mari, "p53 gene mutations in human skin cancers",

Exp. Dermatol, vol. 11, no. 1, pp. 44-47, 2002.

G. . Tward, J.D., Anker, C, J,. Gaffney, D.K., Bowen, "Radiation Therapy and Skin Cancer", em *Modern Practices in Radiation Therapy*, D. G. Natanasabapathi, Ed. In Tech, 2012, pp. 207246.

J. N. Bouwes Bavinck, D. R. Hardie, A. Green, S. Cutmore, A. MacNaught, B. O'Sullivan, V. Siskind, F. J. Van Der Woude e I. R. Hardie, "The risk of skin cancer in renal transplant recipients in Queensland, Australia. A follow-up study", *Transplantation*, vol. 61, no. 0041-1337, pp. 715-721, 1996.

V. Diepgen, T.L., Mahler, "The epidemiology of skin cancer", *Dermatol*, vol. 61, pp. 1-6, 2002.

R. S. Kopf, A.W., Salopek, T.G., Slade, J., Marghoob, A.A., Bart, "Techniques of Cutaneous examination for the detection of Skin Cancer", *Cancer Suppl.*, vol. 72, no. 2, pp. 684-690, 1995.

V. Gloster, H.M.Jr., Mahler, "Skin cancer in skin of color", *AM Acad Dermatol*, vol. 55, pp. 741-760, 2006.

E. C. Friedberg, G. Walker, e W. W., Siede, *DNA Repair and Mutagenesis*. Washington DC: Am. Soc. for Microbiol, 1995.

M. R. Lautenschlanger, S., Wulf, H:C., Pittelknow, "Photoprotection", *Elsevier,* no. 370, pp. 528-537, 2007.

O. N. Soehnge, H., Ouhtit, A., Ananthaswany, "Mechanisms of induction of skin cancer by UV radiation", *Front. Biosci*, vol. 2, pp. 538-551, 1997.

W. H. Organization, "Ultraviolet radiation and health" (Radiação ultravioleta e saúde). [Online]. Disponível:
 www.who.int/uv/uv_and_health/en/index.html.
[Acedido em: 20-Set-2015].

R. A. Spencer, J.M., Amonette, "Indoor tanning risks, benefits and future trends", *J An Acad Dermatol*, vol. 33, pp. 288-298, 1995.

M. Chen, Y.T., Dubrow, R., Zheng, T., Barnhill, R.L., Fine, J., Berwick, "Sunlamp use and the risk of cutaneous malignant melanoma: a population based case-control study in
Connecticut, EUA", *Int. Journ. Epidemiol*, vol. 27, pp. 758-765, 1998.

D. Pastila, R., Leszczynski, "Ultraviolet-A radiation induces changes in cyclin G gene expression in mouse melanoma B16- FI cells", *Cancer Cell*, vol. 7, p. 7, 2007.

D. R. Kricker, A., Armstrong, B.K., English, "Sun exposure and nommelanocytic skin cancer", *Cancer Causes Control*, vol. 5, pp. 367-392, 1994.

R. S. Ma, F., Collado-Mesa, F., Hu, S., Kisner, "Skin cancer awareness and sun protection behaviors in white Hispanic and white non-Hispanic high school students in Miami, Florida", *Arch Dermatol*, vol. 143, pp. 983-988, 2007.

S. C. Foudation, "Skin cancer facts", *Skin Cancer Foudation*. [Em linha]. Disponível: www.skincancer.org/Skin-Cancer-Facts.
[Acedido em: 25-Set-2015].

V. J. Brenner, M., Hearing, "The protective role of melanin against UV damage in human skin", *Photochem Photobiol*, vol. 84, pp. 539-549, 2008.

I. M. Glover, M.T., Niranjan; N., Kwan, J.T.C., Leigh, "Nonmelanoma skin cancer in renal transplant recipients: the extent of the problem and stratedy for management", *Plast. Surg.*, pp. 86-89, 1994.

G. M. Ho, W.L., Murphy, "Update on the pathogenesis of posttransplant skin cancer in renal transplant recipents", *Br J Dermatol*, vol. 158, pp. 217-224, 2008.

C. C. Harris, "p53 tumor suppressor gene: at the crossroads of molecular carcinogenesis, molecular epidemiology, and cancer risk assessment", *Environ. Heal. Perspect*, vol. 104, pp. 435439, 1996.

S. H. Frebourg, T., Barbier, N., Yan, Y., Garber, J.E., Dreyfus, M., Fraumeni J, Jr., Li F, P., Friend, "Germ-line p53 mutations in 15 families with Li-Fraumeni syndrome", *Env. Heal. Perspect*, vol. 104, pp. 435-439, 1996.

F. Béroud, C., Verdier, F., Soussi, "P53 Gene Mutation: Software and Database", *Nucleic Acids Res.*, vol. 24, pp. 147150, 1995.

T. S. Marks, R., Rennie, G., Selwood, "Ultraviolet-specific Mutations inp53 Genein   Skin Tumors in Xeroderma Pigmentosum Patients", *Cancer Res.*, pp. 795-797, 1988.

J. L. Relman, I., Takata, M., Wu, Y.Y., Rees, "Genetic change in actinic keratoses", *Oncogene*, vol. 12, pp. 2483-2490, 1996.

D. J. Brash,   D.E., Ziegler   ,AA., Jonason A.S., Simon,J.A., Kunala, S.,Leffell, "Sunlight and sunburn in human skin cancro: p53, apoptose,   andtumor   promotion", *Invest. Dermatol. Symp Proc*, vol. 1, pp. 136-142, 1996.

J. J. Fisher,   G.J., Datta,   S.C.,   Talwar, H.S., Wang,Z.Q., Varani, J., Kang, S., Voorhees, "Molecular basis of sun-indduced premature skin ageing and retinoid antagonism", *Nature*, vol. 364, pp. 117-123, 1996.

R. Mukhtar, H., Mercurio, M.G., Agarwal, "Murin Skin Carcinogenesis relevance to humans", em *Skin Cancer: Mechanism and Human Relevance*, Boca Raton, FL, 1995.

B. D. E. Jonason A.S., Kunala S., Price G.J., Restifo R.J., Spinelli H.M., Persing J.A., Leffell D.J., Tarone R.E., "Frequent clones of p53-mutated keratinocytes in normal human skin", *Proc Natl Acad Sci USA*, vol. 93, pp. 14025-14029, 1966.

K. Cleaver, J.E., Kraemer, "The Metabolic and Molecular Bases of Inherited Disease", 7ª ed., Nova Iorque: McGraw-Hill, 1995, pp. 4393-4419.

T. Miyauchi-Hashimoto, H., Tanaka, K., Horio, "Enhanced inflammation and immunosuppression by ultraviolet radiation in xeroderma pigmentosum group A (XPA) model mice", *J Invest Dermatol*, vol. 107, pp. 343-348, 1996.

R. M. Doherty, V.R., MacKie, "Reasons for poor prognosis in British paatients with cutaneous malignant melanoma", *BJM*, vol. 292, pp. 987-989, 1986.

B. Freiman, A., Yu, J., Loutfi, A., Wang, "Impact of melanoma diagnosis on sun-awareness and protection: efficacy of education campaigns in high risk population", *Cutan Med Surg*, vol. 8, pp. 303-309, 2004.

W. H. Balch, C.M., Soon, S.J., Shaw, H.M., McCaarthy, "An analysis of prognosis factors in 8500 patients with cutaneous melanoma", in *Cutaneous Melanoma*, 2nd ed., Philadelphia: Lippnincott, 1992, pp. 167-185.

K. Nagy, "New database allows researchers to evaluate cancer care costs", *Natl Cancer Inst*, vol. 85, pp. 351-353, 1993.

C. Dupont, "O que é que o dermatologista encontra ao inspecionar a pele?", *Int. Journ. Dermatol*, vol. 25, p. 97, 1986.

U. S. D. of H. and H. Services, "Consensus development panel on early melanoma", 1992.

R. S. Matgoob, A.A., Slade, J., Salopek, T.G., Kopf, A.W., Rigel, D.S., Bart, "Basal cell and squamous cell carcinomas aareimportant   risk factorsfor   cutaneous malignanat melanoma: implicações do rastreio", *Cancer*, vol. 75, pp. 704714, 1995.

J. D. Boyce J.A., Bernhard, "Total skin examination: patients reactions", *AM Acad Dermatol*, p. 280, 1986.

W. A. Crutcher, "Undressing dermatologic patients: round 2", *AM Acad Dermatol*, vol. 14, pp. 135-137, 1986.

D. R. Harber, L.C., Bickers, "Artificial light sources: clinical applications", em *Photosensitivity diseases: principles of diagnosis and treatment*, 2nd ed., Toronto: BC Decker, 1989, p. 153.

A. J. Barnhill, R.L., Mihn, M.C.Jr., Fitzpatrick, T.B., Sober, "Neoplasms: Malignant Melanoma", in *Dermatology in general medicine*, 4th ed., K. M. Fitzpatrick, T.B., Eisen, A.Z., Wolff, K., Freedberg, I.M., Austen, Ed. Nova Iorque: McGraw-Hill, 1993, p. 1098.

S. C. Foudation, "Dysplastic Nevi (Atypical Moles)", *Skin CancerFoudation*. [Online]. Disponível: http://www.skincancer.org/skin-cancer-information/dysplastic- nevi. [Acedido em: 23-Set-2015].

A. W. Bart, R.S., Kopf, "Techniques of biopsy of cutaneous neoplasms", *Dermatol Surg Oncol*, vol. 5, pp. 979-987, 1979.

Pessoal da Sociedade Americana do Cancro, "Chemotherapy Drugs: How They Work", 2015.

L. Schulmeister, C. Dinning, P. Branowicki, J. B. O'Neill, B. L. Marino, e A. Billett, "Chemotherapy error reduction: a multidisciplinary approach to create templated order sets", *Oncologist*, vol. 22, no. 1, pp. 463-468, 2005.

B.   Baguley, "Abrief   history of cancer chemotherapy" (Breve história da quimioterapia do cancro), *Anticancer Drug Dev.*, pp. 1-11, 2002.

C.   Carrington, L. Stone, B. Koczwara e C. Searle,

"Desenvolvimento de diretrizes para a prescrição, dispensa e administração seguras de quimioterapia contra o cancro", *Asia. Pac. J. Clin. Oncol.*, vol. 6, no. 3, pp. 213-219, 2010.

K. K. Morrison, W.H., Garden, A.S., Ang, "Radiation Therapy for nonmelanoma skin carcinomas", *Clin Plast Surg*, vol. 24, no. 4, pp. 719-729, 1997.

M. R. Thissen, M. H. Neumann, e L. J. Schouten, "A systematic review of treatment modalities for primary basal cell carcinomas", *Arch. Dermatol*, vol. 135, no. 10, pp. 1177-1183, 1999.

R. J. Gorlin, "Nevoid basal cell carcinoma syndrome", *Dermatol. Clin.*, vol. 13, no. 1, pp. 113-25, 1995.

F. P. Mendenhall,W.M., Million,R.R., Mancuso,A.A., Cassisi,N.J., Flowers, "Carcinoma da pele", in *Management of Head and Neck cancer: A Multidisciplinary Approach*, 2ª ed., N. J. Million, R.R., Cassi, Ed. Phila: J.B. Lippincott, 1994, pp. 643-691.

A. T. Meadows, D. L. Friedman, J. P. Neglia, A. C. Mertens, S. S. Donaldson, M. Stovall, S. Hammond, Y. Yasui, e P. D. Inskip, "Second neoplasms in survivors of childhood cancer: findings from the Childhood Cancer Survivor Study cohort", *J. Clin. Oncol*, vol. 27, no. 14, pp. 2356-62, 2009.

a. Farshad, G. Burg, R. Panizzon, e R. Dummer, "A estudo retrospetivo de 150 doentes com lentigo maligno e lentigo maligno melanoma e a eficácia da radioterapia utilizando raios X de Grenz ou suaves", *Br. J. Dermatol*, vol. 146, n.º 6, pp. 1042-1046, 2002.

B. H. Burmeister, B. M. Smithers, M. Poulsen, G. R. McLeod, G. Bryant, L. Tripcony, e C. Thorpe, "Radiation therapy for nodal disease in malignant melanoma", *World J. Surg.*, vol. 19, no. 3, pp. 369-71, 1995.

K. R. Olivier, S. E. Schild, C. G. Morris, P. O. Brown, e S. N. Markovic, "A higher radiotherapy dose is associated with more durable palliation and longer survival in patients with metastatic melanoma", *Cancer*, vol. 110, no. 8, pp. 1791-1795, 2007.

D. T. Chang, R. J. Amdur, C. G. Morris, e W. M. Mendenhall, "Adjuvant radiotherapy for cutaneous melanoma: Comparing hypofractionation to conventional fractionation", *Int. J. Radiat. Oncol. Biol. Phys.*, vol. 66, no. 4, pp. 1051-1055, 2006.

G. Soloway, A.H., Tjarks, W., Barnum, B.A., Rong, F.G., Barth, R.F., Codogni, I.M., Wilson, "The Chemistry of Neuton Capture Therapy", *Chem. Rev.*, vol. 98, no. 4, pp. 1515-1562, 1998.

E. Reger, D., Goode, S., Mercer, "Átomos, moléculas e iões", in *Química: Principios e aplicaqoes*", 2ª ed., Lisboa: Fundação Calouste Gulbenkian, 2010, pp. 59-95.

T. I. C. O. R. U. A. Mesurements, "ICRU Report 85a-Fundamental Quantities And Units For Ionizing Radiation (Revised)", *J. ICRU*, vol. 11, no. 1, pp. 1-35, 2011.

A. Morton, D., Davtyan, D., Wanek, L., Foshag, L., Cochran, "Multivariate analysis of the relationship between survival and microstage of primary melanoma by Clark level and Breslow thickness", *Cancer*, vol. 71, pp. 3737-3743, 93AD.

S. Barth, R., Vicente, M.G., Harling, O., Kiger, W., Riley, K., Binns, P., Wagner, F., Suzuki, M., Aihara, T., Kato, I., Kawabata, "Current status of boron neutron capture therapy of high grade gliomas and recurrent head and neck cancer", *Radiat. Oncol*, vol. 7, n.º 146, pp. 1-21, 2012.

K. A. Kennedy, "Hypoxic cells as specifc drug targets for chemotherapy", *Anticancer. Drug Des.*, vol. 2, pp. 181-194, 1987.

W. Siebert, *Advances in Boron Chemistry*. Cambridge: The Royal Society of Chemistry, 1997.

J. M. Friedlander, G., Kennedy, J.W., Macias, E.S., Miller, "Nuclear and Radiochemistry", em *Nuclear and Radiochemistry*, 3ª ed., Nova Iorque, 1981, p. 610.

P. Moss, R.L., Aizawa, O., Beynon.D., Brugger, R., Constantine, G., Harling , O., Liu, H.B., Watkins, "The requirements and development of neutron beams for neutron capture therapy of brain cancer", *Neurooncol.*, vol. 33, pp. 2740, 1997.

L. B. Naves e L. Almeida, "Wound Dressing for Melanoma Skin Cancer Therapy", 15ª Conferência Mundial de Têxteis da AUTEX, 10-12 de junho de 2015, Bucareste, 2015.

M. C. Lazarus, G.S., Cooper, D.M., Knighton, D.R., Margolis, D.J., Percoraro, E.R., Rodeheaver, G., Robson, "Definitions and guidlines for assessment of wounds and evaluation of healing", *Arch Dermatol*, vol. 130, pp. 489-493, 1994.

A. W. Krasner, D., Kennedy, K.L., Rolstad, B.S., Roma, "The ABCs of wound care dressings", *Wound Manag*, vol. 66, pp. 68-69, 1993.

G. K. Harding, K.G., Morris, H.L., Patel, "Science, medicine and the future: Healing chronic wounds", *Br Med J*, vol. 324, pp. 160-163, 2002.

K. G. Moore, K., McCallion, R., Searle, R.J., Stacey, M.C., Harding, "Prediction and monitoring the therapeutic response and chronic dermal wounds", *Int Wound J*, vol. 3, pp. 89-96, 2006.

F. Ferreira, M.C., Tuma, P., Carvalho, V.F., Kamamoto, "Complex wounds", *Clinics*, vol. 61, pp. 571-578, 2006.

G. S. Schultz, "Molecular regulation of wound healing", em *Acute and chronic wounds: Gestão de enfermagem*, 2ª ed., R. A. Bryant, Ed. St. Louis: Mosby, 1999, pp. 413-429.

D. A. Morgan, "Wounds- What should a dressing formulary include?", *Hosp Pharm.*, vol. 9, pp. 261-266, 2002.

M. Purner, S.K., Babu, "Collagen based dressings-A review", *Burns*, vol. 26, pp. 54-62, 2000.

A. F. Falabellaa, "Debridement and wound bed preparation" (Desbridamento e preparação do leito da ferida), *Dermatol*, vol. 19, pp. 317-325, 2006.

G. Queen, D., Orsted, H., Sanada, H., Sussmaan, "A dressing history", *Int*

Wound J, vol. 1, pp. 59-77, 2004.

L. van Rijswijk, "Ingredient- based wound dressing classification: A paradigm shift that is passé and in need of replacement", *Wound Care*, vol. 15, pp. 11-14, 2006.

L. B. Naves e L. Almeida, "Wound Healing Dressing and Some Composites Such as Zeolite , TiO2 , Chitosan and PLGA: A Review", *Int. J. Medical, Heal. Biomed. Pharm. Eng.*, vol. 9, no. 3, pp. 187-191, 2015.

EN 13726-1, "Test methods for primary wound dressings - Part 1: Aspectos de absorção", 2002.

A. Thomas, S., Hughes, G., Fram, P., Hallett, "An in vitro comparison of the physical characteristics of hydrocolloids, hydrogels, foams and alginates/cmc fibrous dressing." pp. 124, 2005.

G. M. Boateng, J.A., Matthews, K.H., Stevens, H.N.E., Eccleston, "Wound Healing Dressings and Drug Delivery Systems: A Review", *Pharm. Sci.*, vol. 97, pp. 2892-2923, 2008.

V. Lazaridou, A., Biliaderis, C.G., Kontogiorgos, "Molecular weight effects on solution rheology of pullulan and mechanical properties of its films", *Carbohydr Polym*, vol. 52, pp. 151-166, 2003.

J. M. Bashaiwould, A.B., Podczeck, F., Newton, "Application of dynamic mechanical analysis(DMA) to the determination of the mechanical properties of coated pallets", *Int J Pharm*, vol. 274, pp. 53-63, 2004.

A. T. Yang, L., Paulson, "Mechanical and water vapour barrier properties of edible gellan films", *Food Res Int*, vol. 33, pp. 563-570, 2000.

F. Turhan, K.N., Sahbaz, "Water vapour permeability, tensile properties and solubility of methyl-cellulose-based edible films", *Food Eng*, vol. 61, pp. 459-466, 2004.

P. H. Chang, K.W., Alagoof, S., Ong, K.T., Sim, "Pressure ulcers- randomised controlled trial comparing hydrocolloid and saline gauze dressings", *Med J. Malaysia*, vol. 53, pp. 428431, 1998.

J. B. Debra e O. Cheri, "Wound healing: Technological innovations and market overview", vol. 2, pp. 1-185, 1998.

L. D. Wichterle O., "Hydrophilic gels for biological use", *Nature*, vol. 185, pp. 117-118, 1960.

A. Heenan, "Hydrocolloids: Frequently asked questions", *World Wide Wound*, pp. 1-17, 1998.

L. P. Thomas S, "A comparative study of twelve hydrocolloid dressings", *World Wide Wound*, vol. 1, pp. 1-11, 1997.

S. Thomas, "Hydrocolloids", *Wound Care*, vol. 1, pp. 27-30, 1992.

M. J. Heffernan A, "A comparison of a modified formo f Granuflex (Granuflex Extra Thin) and a conventional dressing in the management of lacerations, abrasions and minor operation wounds in an accident and emergency department", *Accid Emerg Med*, vol. 11, pp. 227-230, 1994.

[108]B. R.H, "Skin substitutes", *Trauma*, vol. 21, no. S731, 1981.

L. O. Kollenberg, "A new topical antibiotic delivery system", *World Wide Wound*, vol. 1, pp. 1-19, 1998.

[110]K. A. Ishihara M, Nakanishi K, Ono K, Sato M, Kikuchi M, Saito Y, Yura H, Matsui T, Hattori H, Uenoyama M, "Photocrosslinkable chitosan as a dressing for wound oclusion and accelerator in healaing process", *Biomaterials*, pp. 833840, 2002.

F. H. Doillon, C.J., Silver, "Collagen-based wound dressing: Effect of hyaluronic acid and fibronectin on wound healing", *Biomaterials*, vol. 7, pp. 3-8, 1986.

[112]V. Ramshaw, J., Werkmeister, J., Glatter, "Collagen based biomaterials", *Biotechnol. Rev*, vol. 13, pp. 336-382, 1995.

[113]L. N. S. Pruitt B.A., "Characteristics of and uses of biological dressing and skin substitutes Arch Surg 19 312 1984", *Arch Surg*, vol. 19, p. 312, 1984.

[114]S. Hampton, "Dressing for the occasion", *Nurs Times*, vol. 95, pp. 58-60, 1999.

[115]M. M. Committee, "Wound care guidelines", 2005.

[116] T. Thomson, "Foam Composite", 7048966, 2006.

[117]S. Thomas, *Wounds and wound healing in: Wound Pensos de gestão*. 1990.

[118]L. D. A. Vermeulen H, Ubbink D.T, Goossens A., de Vos R., "Systematic review of dressing and topical agents for surgical wounds healing by secondary intention", *Br J Surg*, vol. 6, pp. 665-672, 2005.

[119]M. C. .Marcia R.E.S, Castro, "New dressings, including tissue engineered living skin", *Clin. Dermatol*, vol. 20, pp. 715-723, 2002.

[120]R. J. H. Lee, J.W., Park, "Bioadhesive-based dosage forms: The next generation", *Pharm. Sci.*, vol. 89, pp. 850-866, 2000.

P. K. Rao, K.V.R., Devi, "Swelling controlled-release systems: Recent developments and applications", *Int. Journ. Pharm.*, vol. 48, pp. 1-13, 1988.

L. R. Burrell, R.E., Morris, "Anti-microbiaal coating for medical devices", 5770255, 1998.

J. M. Blanco, M.D., Trigo, R.M., Garcia, O., Teijon, "Controlled release of cytarabine from poly(2-hydroxyethyl methacrylate- co-N-vinyl-2-pyrrolidone)", *Biomater Sci Polym*, vol. 8, pp. 709719, 1997.

C. T. Katti, D.S., Robinson, K.W., Ko, F.K., Laurencin, "Bioresobable nanofiber-based systems for wound healing and drug delivery: Otimização dos parâmetros de fabrico", *Biomed. Mater. Res B Appl Biomater*, vol. 70, pp. 286-296, 2004.

K. Maeda, M., Kadota, K., Kajihara, M., Sano, A., Fujioka, "Libertação sustentada da hormona de crescimento humana (hGH) a partir de uma película de colagénio e avaliação do efeito na cicatrização de feridas em ratos", *Control*. Rel., vol. 77, pp. 261-272, 2001.

T. Ishihara, M., Fujita, M., Obara, K., Hattori, H., Nakmura, S., Nambu, M., Kiyosaawa, T., Kanatani, Y., Taakabase, B., Kicuchi, M., Maehara, "Libertação controlada de FGF-2 e paclitaxel a partir de hidrogéis de quitosano e os seus efeitos subsequentes na reparação de feridas, angiogénese e crescimento tumoral", *Curr Drug Deliv*, vol. 3, pp. 351-358, 2006.

J. L. Orive, G., Hernéndez, R.M., Gascón, A.R., Calafiore, R., Chang, T.M.S., de Voz, P., Hortelano, G., Hunkeler, D., Lacík, I., Shapiro, A.M., Pedraz, "History, challenges and perspectives of cell microencapsulation", *Trends Biotechnol*, vol. 22, pp. 8792, 2004.

[128]R. M. Bansode, S.S., Banarjee, S.K., Gaikwad, D.D., Jadhav, S.L., Thorat, "Microencapsulation: a review", *Pharm. Sci.*, pp. 38-43, 2010.

[129]J. L. Orive, G., Hernéndez, R.M., Gascón, A.R., Calafiore, R., Chang, T.M.S., de Voz, P., Hortelano, G., Hunkeler, D., Lacík, I., Shapiro, A.M., Pedraz, "Cell encapsulation: promise and progress", *Nat. Med.*, vol. 9, pp. 104-107, 2003.

[130] R. Lam, P.L., Gambari, "Advanced progress of microencapsulation technologies: Modelos in vivo e in vitro para o estudo da administração oral e transdérmica de medicamentos", *Control. Release*, pp. 1-22, 2013.

[131]H. G. Singh, M.N., Hemant, K.S.Y., Ram, M., Shivakumar, "Microencpsulation: a promising technique for controlled drug delivery", *Pharm. Sci.*, vol. 5, pp. 65-67, 2010.

[132] M. J. Siegel, R.A., Rathbone, "Overview of controlled release mechanisms", in *Fundamentals and applications of Controlled Release Drug Delivery*, 1st ed., M. J. Siepmann, J., Siegel, R.A., Rathbone, Ed. New York: Springer, 2012, pp. 19-46.

[133] S. Verma, R.K., Arora, S., Garg, "Osmotic pumps in drug delivery", *Drug. Carr. Syst.*, vol. 21, pp. 477-520, 2004.

[134]J. R. Jail, R., Nixon, "Biodegradable poly(lactic acid) and poly(lactide-co-glycolide) microcapsules: problems associated with preparative techniques and release properties", *Microencapsulation*, vol. 7, pp. 297-325, 1990.

J. Heller, "Controlled drug release from poly(ortho esters) - a surface eroding polymer", *Control. Rel.*, vol. 2, pp. 167-177, 1985.

J. Tice, T., Gilley, R., Mason, D., Ferrell, T., Staas, J., Love, D., McRae, A., Dahlstrom, A., Ling, E., Jacob, E., Settertrom, "Site-direted drug delivery with biodegradable microspheres", in *International Conference on Advances in Controlled Delivery*, 1996, pp. 30-31.

W. X.S, "Synthesis and Properties of biodegradable lactic glycolicacid polymer", *Handbook of Biomaterials and Bioengenharia*. Marcel Dekker, pp. 1015-1054, 1995.

A. M. Gilding, D.M., Reed, "Biodegradable polymers for use in surgery. Poly(glycolic)/ poly(lactic acid) homo and copolymers", *Polymers (Basel)*, vol. 20, pp. 1459-1464, 1979.

D. H. Lewis, "Controlled release of bioactive agents from lactide/glycolide polymers", em *Biodegradable polymers as drug delivery systems*, R. Chasin, M., Langer, Ed. Nova Iorque: Marcel Dekker, 1990, pp. 1-41.

Rajeev A., "The manufacturing techniques of various drugs loaded biodegradable poly(lactide-co-glycoloid) PLGA devices", *Biomaterials*, vol. 21, pp. 2475-2490, 2000.

A. T. . Agnihoti S.A, Mallikarjuna N.N, "Recent advances on chitosan-based micro- and nanoparticles in drug delivery", *Control. Release*, vol. 100, pp. 5-28, 2004.

P. Sjak-Braek,   G.,   Anthonsen, T., Sandford, "Chitin and Chitosan", *Elsevier*, 1992.

C.   P. Chandy,   T., Sharma, "Chitosan as a biomaterial", *biomater.*, vol. 18, pp. 1-24, 1990.

D. U. A.M. Grancaric, A. Tarbuk, S. Ivkovic, T. Lelas, "Activated Natural Zeolite on Textiles for Protection and Therapy", em *Proceedings of ITMC*, 2007, pp. 45-46.

E. Reinert, G., Fuso, F., Hilfiker, R., Schmidt, "UV-protecting properties of textile fabrics and their improvement". *Texto. Chem Color*, no. 29, pp. 36-43, 1997.

M. M. S. Ivkovic, U. Deutch, A. Silberbach, E. Walraph, "Suplementação dietética com a zeólita tribomecanicamente activada Clinoptilolite na imunodeficiência: Effects on the Immune System", *Adv. Ther.*, vol. 21, no. 2, pp. 135-147, 2004.

I. K. A.M. Grancaric, A. Tarbuk, "Nanopartículas de zeólito natural ativado em têxteis para proteção e terapia", *Chem. Ind. Chem. Eng. Quaterly*, vol. 15, no. 4, pp. 203-210, 2009.

e Y. F. H. Tokumitsu, H. Ichikawa, "Chitosan- Gadopentetic Acid Complex Nanoparticles for Gadolinium Neutron- Capture Therapy of Cancer: Preparação por uma nova gota de emulsão Técnica de Coalescência e Caracterização", *Pharm. Res.*, vol. 16, no. 12, pp. 1830-1835, 1999.

[149]B. M. Sharma, P., Brown, S.C., Water, G., Santra, S., Scott, E., Ichikawa, H., Fukumori, Y., Moudgil, "Gd nanoparticulates: from magnetic resonance imaging to neutron capture therapy", *Adv. Powder Technol*, vol. 18, pp. 663-698, 2007.

[150]Y. Ichikawa, H., Uneme, T., Andoh, T., Arita, Y., Fujimoto, T., Suzuki, M., Sakurai, Y., Shinto, H., Fukasawa, T., Fujii, F., Fukumori, "Gadolinium-loaded chitosan nanoparticles for neutron- capture therapy: Influence of micrometric properties of the nanoparticles on tumor-killing effect", *Appl. Radiat. Isot.*, vol. 88, pp. 109-113, 2014.

I want morebooks!

Buy your books fast and straightforward online - at one of world's fastest growing online book stores! Environmentally sound due to Print-on-Demand technologies.

Buy your books online at
www.morebooks.shop

Compre os seus livros mais rápido e diretamente na internet, em uma das livrarias on-line com o maior crescimento no mundo! Produção que protege o meio ambiente através das tecnologias de impressão sob demanda.

Compre os seus livros on-line em
www.morebooks.shop

Printed by Books on Demand GmbH, Norderstedt / Germany